KB213573

일만시간 로스팅
불과 물의 합

위철원

SEOUL
COMMUNE

| 0 |

머리말

0

나의 일상은 이러하다.

생두를 살피고, 섞고, 볶고, 관찰하고, 냄새를 맡다가 때가 차면 연기와 함께 원두를 쏟아낸다.

지루한 단순 반복적인 일을 하면서도 커피로스팅은 윤오영의 수필 '방망이 깎던 노인'에 나오는 노인의 방망이 만드는 작업이거나 가야의 철 장인이 칼날을 세우는 일이라고 스스로 생각하면서 위안을 얻는다. 나무토막을 깎고 다듬고 가늠하고 그 속에서 방망이의 원형을 찾아가는 것이고 또 그 방망이의 진가를 알아봐 주는 주인이 찾아올 때까지 기다리는 지루한 작업. 또 흔들리는 불 앞에서 철의 안쪽 온도를 고요하게 살피는 가야의 장인처럼 커피 로스팅 또한 그러하다. 커피로스터는 커피콩의 표면온도를 넘어 깊숙한 내부 온도를 읽어내야 한다. 고요한 온도 주변에서 커피 향과 빛깔은 변화무쌍하다.

하지만 너무 이상적이고 비장해서 아름다웠던 시절은 지나가고, 세월은 흘러 커피 로스팅이라는 작업은 평범한 일상이 되었다. 어느 날 주섬주섬 손에 잡히는 대로 이것저것 정체를 알 수 없는 블랜딩 된 원두를 집으로 가져왔다. 커피를 마시다가 문득 이런 생각이 들었다. 심혈을 기울이지 않고 편안하게 커피를 내렸건만 혀 끝에 감기는 향긋한 체리맛은 어디서 온 것일까? 입술 아래에 머무는 가볍거나 무겁거나 한 이 어중간한 실키한 바디감은 어디서 기인한 것일까? 더 이상 내 것이 아닌 것 같은 커피에 대한 열망과 식은 커피처럼 싸늘해가는 지식과 호기심들이 감각을 담당하는 혀와 온몸의 세포들이 이 요상한 블랜딩으로 인해 '요변'처럼 깨어난다. 도대체 내가 커피를 어떻게 한 것일까?

커피로스터로서 이러한 요변을 통제하고 프로파일로 지속하고 싶은 욕구와 찰나의 향을 우연처럼 비밀스럽게 숨겨놓고 싶어 하는 마음이 동시에 생겼다. 하지만 이때 비로소 내게 평안과 자유로움이 생겼다.

머릿말

장인이 되고 싶어하는 마음과 훨훨 날아가는 나그네 같은 마음 사이에서 내내 글을 쓴 것 같다. 로스팅의 민낯을 알려주고 싶은 마음과 펑퍼짐하게 변해버린 첫사랑과 마주하는 것을 두려워하는 마음의 사이에서 글을 썼다. 3mm 커피 원두 알갱이 그 소우주에 허우적대는 같은 부류의 사람들에게 묘한 동질감과 안도함을 느낀다. 글을 쓰는 작업 중에 만난 결이 비슷한 길동무들과 제자들이 있어서 글을 쓰는 과정이 외롭지는 않았다. 사랑하는 아내와 두 아들 그리고 어머니와 가족들의 지지에 가슴 깊이 감사한다.

이제는 방망이 깎는 노인이 사라진 시대, 대장간에서 야무지게 칼날을 세우기 위해 망치질을 하지 않는 시대. 그러나 여전히 어딘가에서 주인을 기다리며 방망이를 깎고 있거나, 묵묵하게 셀 수 없이 많은 망치질을 해대고 있을 수많은 로스터들에게 이 책을 바친다.
그들이 문득 자유로워질 수 있기를 희망한다.

2023년 8월 31일
위철원

목차

농도와 수율의 이면

드러낼 것인가? 감출 것인가?

1

완벽한 커피는 무엇일까? 바닥에서부터 안정적으로 형성된 묵직한 바디감, 화려하고 민첩하고 풍부한 풍미, 다채로운 질감의 콘텐츠를 가진 중간맛, 후반부에 은은하게 번져오는 단맛, 깊은 여운의 롱 피니쉬, 깔끔하게 떨어지는 클린컵? 또는 가볍고 생생하며 독특하고 생동감 있는 향과 맛, 때로는 단순하고 군더더기 없이 뚝 떨어지는 쓴맛, 과하거나 화려하진 않지만 무심한 듯 균형감과 조율이 잘 된 선이 뚜렷한 커피?

이처럼 아무리 아름다운 수사적 표현과 은유를 나열한다 해도 필자가 생각하는 완벽한 커피를 표현하기엔 뭔가 부족해 보인다. 완벽한 커피라는 것은 표현이 불가능한 실존하지 않는 허상이다. 커피 맛의 완벽함이란 마셨던 당시의 좋았던 분위기에서 오는 과장되고 불분명한 경험들이다.

그렇다. 커피 맛엔 정답이 없고 지극히 개인적인 취향만 있다는 것을 오랜 경험으로 알 수 있다. 다양한 경험 속에서 본인의 취향을 알아 선택 취합해야만 완전함에 도달할 수 있다. 그 경험은 너무나 주관적이고 감각적이어서 일종의 신기루 같다. 그럼에도 불구하고, 스스로가 완벽한 커피를 마셨을 때 느꼈던 희열과 목 넘김 찰나에 흘렸던 눈물을 기억한다면 여전히 포기할 수 없는 매력적인 목표이다. 그래서일까? 필자의 로스팅실에는 여전히 '우리는 완벽한 커피를 아직 만들지 못했다'라는 문구가 걸려있다.

시시각각 새로운 민낯을 보이는 커피 맛과 우리를 둘러싼 각종 풍문들은 우리를 매번 혼란스럽게 한다. 이젠 마음을 추스르고, 여전히 한 잔의 완벽한 커피를 만들겠다는 각오로, 어쩌면 착각일 수 있는 호기로, 그동안 익숙한 것들과 결별하면서, 새로운 것에 대한 선의를 갖고 긴 글을 쓰고 싶다.

원두를 물로 부풀려서 커피를 끄집어낸다. 익숙하게 느껴지는, 또는 능숙하게 해왔던 이 과정을 새로운 눈을 가지고 들여다보자. 일부러 내가 했던 방식들에 대해서 낯선 눈으로, 그리고 남들이 하는 방식들에 대해서도 돌아보자.

농도와 수율의 이면

2

드러낼 것인가? 미국식 브루잉(Brewing)

한 잔의 커피는 추출이라는 과정을 통해 결과물로 나온다. 완벽한 커피에 대한
직접적이고 직관적인 연결고리가 추출이다. 추출을 이해하기 위해서는 농도와
수율을 따져봐야 한다.

농도는 커피의 진하기를 의미한다. 가령 에스프레소를 한 잔 추출해서 물을
첨가해 아메리카노로 만들면, 에스프레소가 아메리카노보다 당연히 진하다.
다시 말해 에스프레소가 아메리카노보다 농도가 높다. 진한 것을 즐겨 드시는
분은 에스프레소가 완벽한 커피이고, 연하게 드시는 분들은 아메리카노가
완벽한 커피이다.

추출된 한 잔의 커피용액 중에서 고형분의 비율을 숫자로 표시한 것을
TDS(total dissolved solids)라고 한다. 당연히 각 나라마다 이상적으로 생각하는
TDS값이 다르다. 예를 들면 미국은 1.15~1.35%, 유럽에서는 1.2~1.45%,
북유럽의 경우에는 1.3~1.5% 등이다. 농도를 맞추는 것은 완벽한 커피
만들기에 가장 핵심적이고 중요한 포인트다. 농도는 커피의 양, 분쇄도, 온도
등으로 충분히 조절이 가능하며, 많은 양의 커피를 사용하고 물을 오랜 시간
커피가루에 머물게 하면 농도는 높아진다. 커피를 만드는 사람 입장에서도
누구나 좋아할 수 있는, 이미 검증되고 이상적인 통계의 TDS를 표현할 수
있다면 완벽한 커피를 만들 수 있는 레시피를 확보한 셈이다.

반면, 수율은 커피의 녹임 정도를 숫자로 표시한 것이다. 사용된 원두의 양과
추출된 고형분의 양을 이용해 수율을 계산해낸다. 즉, 추출된 커피성분의 양을
사용된 커피의 양으로 나눠서 백분율로 나타내면 수율이 된다. 설탕을 물에
녹인다고 가정해보자. 많은 물을 사용해서 적은 양을 휘휘 저어 녹이면 잘
녹는다. 온도가 높을수록, 또 노출빈도가 높을수록 수율을 올릴 수 있다.
농도는 개인이나 나라, 문화마다 다르지만 수율은 비슷해야 한다는 게 현재
일반적인 분위기다.

이런 분위기 속에서 20% 정도가 완벽한 커피에 가깝다고 말할 수 있다. 18%
이하면 과소추출, 커피가 신맛이 생기고 여운이 짧아지고, 22% 이상이면

과다추출, 커피가 떫고 지저분해진다고 생각한다.

농도와 수율 이 두 가지는 우리가 원하는 이상적이고 완벽한 커피를 만들기 위한 기준이 되어가고 있다. 표준처럼 자리잡은 계량화 된 미국식 방법, 숫자와 표준을 제시하는 과학적인 방법은 우리에게 왠지 무한 신뢰와 안도를 준다. 효율성을 위해 숫자와 매뉴얼에 집착하는 미국 나름대로의 독특하고 합리적인 진행방식이다. 예를 들어 최소의 양을 써서 비슷한 농도와 수율을 숫자로 따져 많을 양을 사용하는 커피와 비슷한 맛을 낸다면 그 경제적 효과는 클 것이다. 완벽한 최적의 레시피를 만들어서 경제적으로 최적화된 완벽한 커피를 만드는 것이다.

커피추출 레시피에서 수율이 부각되는 이유에는 현재의 라이트 한 로스팅이 트랜드가 된 시대적인 배경도 있다. 실제로 물이 원두를 못 녹이는 것이다. '최소한 이 정도까지는 녹여내라' 하는 기준을 제시하는 표준이 적정 수율로 표시되는 것이다. 그래서인지 높은 온도의 물로 힘 있게 밀어내어 커피를 잘 녹인 다음 안정적이고 균일한 한 잔의 에스프레소를 만들어내는 머신들이 환영을 받는 분위기다.

농도와 수율의 이면

3

잘 드러내는 머신, 잘 표현되는 머신. 완벽한 머신

생두에도 변화가 생겼다. 과거 커머셜 그레이드의 생두에서 높은 품질의
스페셜티 생두로 시장의 관심과 자리이동이 일어나고 있다. 다양한
가공방식과 관리 등으로 과거 불쾌한 풍미가 사라지고, 깨끗하고 섬세한
커피가 생산된다. 이제 우리는 커피맛을 잘 드러내고, 잘 녹이고 표현만 잘하면
된다. 완벽한 커피에 도달하기 쉽게 된 것처럼 느껴진다.
그래서 우리는 커피가 잘 녹지 않을까 봐 물의 온도를 높이고, 드립주전자로
와류를 만들고, 추출시간(노출시간)을 길게 가져가기도 한다. 경우에 따라서는
스틱으로 휘휘 젓기도 한다.
다행히 이렇게 품질 좋은 생두는 클린컵(clean cup)이라 좋은 단맛을 표현하기
위해 물을 흘려보내지 않고 클레버 같은 드립기구를 이용해 가두어 놓기도
한다. 가끔 덜 익은 커피도 등장하지만, 우리는 지난 시간 쓴 커피에 지쳐
있었기에 잘 참아낸다. 이런 커피를 만들어낸 로스터의 실수에도 무척
관대하다.
이런 분위기와 방향성이면 커피를 숨김없이 정직하게, 노골적으로, 좀 더
솔직하게 드러내는 것이 커피를 만드는 사람과 손님들 모두가 행복해하는
바른 방법이다. 결국 완벽한 한 잔의 커피란 적당한 농도로 잘 녹인, 커피
본연의 맛과 향을 충실하게 드러내는 것으로 결론지어진다.
잘 드러내는 한 잔의 커피, 완벽한 커피… 과연 그럴까?

4

감출 것인가? 일본식 핸드드립(hand drip)

Brewing이라는 개념이 도입되지 않았을 시기에는 핸드드립이 머신이 아닌 손으로 내리는 추출의 고유명사처럼 쓰였다. 차트와 숫자가 등장하면서 일본식 핸드드립은 올드한 스타일로 느껴진다. 과학과 숫자에 열광하는 분위기가 형성된 것은 기존 일본식 드립 커피교육에서 그 원인을 일부 찾을 수 있다.

일본식 핸드드립이 국내에 들어왔을 때의 교육 풍경을 생각해보자. 물줄기를 어떻게 가늘게 할 것인가, 또는 주전자는 몇 번을 돌려야 하는지, 몇 차에 걸쳐 추출해야 하는가 등에 교육의 초점이 맞춰져 있었다. 이러한 신비스러운 교육방식은 초반에는 재미가 있었지만, 시간이 지날수록 다소 비상식적으로 느껴지고, 심하면 조롱거리가 되어가곤 했다.

지금은 이러한 커리큘럼으로 교육을 하는 곳이 없어지고 있다. 이 방법은 사라져 버린 옛 문화이고 해프닝인 것인가? 이 구닥다리 방법으로는 완벽한 한 잔의 커피에 도달할 수 없는가? 과연 그럴까? 얼마 전 일본에 있는 매장에서 수년간 근무한 바리스타와 이야기를 나눌 기회가 있었다. 나는 매장의 분위기와 업무환경에 대해, 또 추출을 어떻게 하는지에 대해 질문했다. '30g을 사용해서 100ml를 추출한다'는 답을 들을 수 있었는데, 이는 추출된 고농도 원액에 물을 넣어서 조절한다는 의미였다. 1L의 물에 55g의 분쇄된 원두를 사용하는 것이 가장 이상적인 수치라는 미국식 표준에 비해 지나치게 진한 농도이면서 터무니없이 비효율적인 수율이다. 일본은 전통적으로 다크로스팅을 선호하며 시간이 지난 안정적인 원두를 사용한다.

결론부터 말하자면 이런 커피는 '감추어야' 한다. 쉽게 말해 분칠을 하는 것이다. 천천히 조심해서 앞부분만을 추출하고, 추출 후반부에 나오는 나쁜 쓴맛을 가급적이면 가리려 한다. 의도된 과소추출이다. 나쁜 쓴맛과 잔맛을 감추고, 대신 농밀하고 부드러운 추출에 주안점이 있다. 분명한 목적성을 가지고 추출을 한다. 신맛을 극도로 죽여야 단맛이 극대화된다는 고 다이보 상의 말처럼 농밀한 쓴맛과 단맛을 천천히 끌어올리는 슬로우 추출이다.

농도와 수율의 이면

극단적으로 한 방울씩 떨어지는 점드립은 낮은 온도에서 적은 추출수율을 유도한다. 원두 표면에서 식어버리는 물방울은 고온에서 힘 있게 추출되는 굵은 물줄기와 다른 추출변수를 만든다. 추출속도가 하리오 V60보다 늦은 멜리타 드리퍼를 사용하게 되면 더 천천히 물을 부어줘야 한다. 또는 물이 넘치지 않도록 주의해서 여러 차례에 걸쳐 나눠서 물을 부어주면서 추출을 이어가야 한다. 물줄기에 신경을 써야 하는 교육방법, 일정하게 나눠서 붓는 드립방법 등의 교육방법이 틀린 것이 아니다. 다 나름대로 이유가 있었던 것이다.

결국 물줄기에 신경을 써야 한다. 조심스럽게 한 층 한 층 물을 원두 표면 위에 얹는다는 느낌으로 올려야 한다. 분쇄된 원두를 필터처럼 켜켜이 쌓아두고 층층이 지류를 이용해 조심스럽게 추출한다. 차분하고 여유롭고 아름다운 선을 긋는 물줄기는 그들이 도달해야 하는 득도의 경지까지는 아니지만 필요한 부분이었다. 미국식 교육에서는 꺼려지던 미분이 일본식 핸드드립에서는 맛의 다각성을 표현해 주는 좋은 재료가 되기도 한다. 서버로 떨어지는 커피의 색깔에 주목해서 감각적으로 경험적으로 끊어낸다. 농도와 수율처럼 숫자로 설명될 수 없는 경험과 감각에 더욱 의존한다. 농도와 수율 이면에 있는 관능과 기호의 영역, 더 나아가 미학적인 영역, 감각의 영역이다. 즉 설명되지 않는, 될 수 없는 영역들이 신비로우면서도 쉽게 도달할 수 없는 경지로 여겨진다.

5

감추고, 드러내고, 건지고, 포기하기

감각은 신비스럽지만 설명을 못하는 무책임함에 오해와 억측을 만든다. 나쁜 맛은 녹여내면 낼수록, 드러나면 드러날수록 단점이 된다. 적당히 녹이는 것, 드러내지 않는 것의 핵심이다. 설명하면 설명할 수 있지만, 굳이 친절하게 설명하지 않는 문화적인 측면도 있다. 잘 감추어진 커피, 잘 감출수록 아름다워지고 완벽한 커피인 것이다.

결국 어떤 목적성을 가지고 추출을 해야 완벽한 커피에 도달할 수 있다. 자신이 그리는 완성된 이미지를 갖고 접근하자. 가령 사이폰대회에 출전하기 위해 로스팅 원두로 추출한다고 가정해 보자.

물온도를 높이고 스틱으로 젓는 노르딕 스타일의 브루잉 방법을 활용하자. 최대한 드러내자. 의도적으로 과대추출을 하자. 원두가 좋으면 괜찮다. 기간이 지난 오래된 커피를 만났을 때는 감추자. 쓴맛이 강하게 나오는 것을 염려해 물온도를 낮추고 추출시간을 짧게 하고 적은 양을 희석시켜 만들자. 건질 것만 건지고 나머지는 감추고 포기하자. 의도적으로 과소추출을 하자. 이렇게 드러내고, 건지고, 포기하다 보면 점차 완벽한 커피 한 잔에 더욱 가까워질 것이다. 하지만 이를 위해서는 좀 더 많은 기재들에 대해 함께 이야기하고 고민해야 한다. 어떤 면에서 그것은 길고 지루한 이야기가 될 수도 있을 것이다. 하지만 커피를 한다면, 더욱 완벽한 한 잔의 커피를 만들고자 한다면 반드시 거쳐야 하는 통과의례이기도 하다.

이제부터 그 이야기를 시작하려 한다. 인적 드문 길섶의 작은 이정표로 기록되길 바라면서. ☕

농도와 수율의 이면

세상에서 가장 비싼 커피

Elida Estate Gesha Natural

완벽한 요리를 위해선 가장 먼저 완벽한 재료가 필요하다. 커피에 있어서도 가장 완벽한 재료는 완벽한 생두이다. 완벽한 생두는 가장 비싼 생두일 수도 있다. 하지만 그 생두가 너무 비싸 입이 떡 벌어진다면? 떡 벌어진 입의 간격만큼이나 해를 거듭할수록 이 생두의 가격이 일반적인 시장가격이 따라올 수 없을 만큼 멀찌감치 멀어진다면? 간격이 크면 클수록 역설적으로 우린 안도감과 희망을 가질 수 있다. 어떤 대가를 치르더라도 만약 우리가 세상에서 가장 비싼 생두만 확보할 수 있다면 우리가 추구하는 완벽한 커피에 도달할 수 있으니까. 이제 세상에서 가장 비싼 생두의 가격을 결정하는 요소들과 그 안에 숨어있는 마케팅 전략을 면밀히 들여다보자. 또 이런 현상들에 대해서 우리가 어떻게 이해하고 대처할지 앞으로의 행보에 대해서도 가늠해보자.

싼 게 비지떡이고 비싼 게 돈값을 한다. 고마운 분에게 좋은 과일을 선물하고 싶으면 마음 편하게 과일 가게에 진열된 과일 중에서 가장 비싼 것을 사면 실수는 없다. 완벽한 커피를 만들기 위해서는 완벽한 재료가 필요하다. 실제로 생두를 사서 로스팅을 해보면 비싼 생두가 대체로 좋은 품질을 갖는다. 로스터가 실력이 부족한 경우 값비싼 생두를 사서 그 재료의 성질을 충분히 살려 살짝 볶아내면 생두의 좋은 맛들이 잘 올라와 로스터의 부담을 줄일 수 있다. 예전엔 로스팅하는 로스터가 로스팅 비법, 기교, 프로파일 연구에 많은 시간을 썼는데, 지금은 스페셜티 흐름 속에 생두 원재료의 성질을 잘 표현하는 로스팅으로 변화되는 추세이다. 상황이 이렇다 보니 좋고 비싼 생두를 선별하는 것 또한 로스터의 실력이자 주요 덕목이 되었다. 요리사가 재료 선정에 심혈을 기울이는 것처럼 로스터의 눈은 매의 눈 마냥 좋은 먹잇감, 여기저기에 널려있는 비싼 생두를 향해있다.

그렇다면 과일가게에 진열된 가장 비싼 과일을 고르는 것처럼 생두가게에서 제일 비싼 생두를 고르면 실수 없이 만족할 만한 결과를 얻을 수 있을까? 세상에서 가장 비싼 생두를 구입하면 완벽한 커피를 만들 수 있는 것일까? 완벽한 한 잔의 커피로 가는 여정에서 가장 먼저 다뤄야 할 부분이 커피 재료인 생두이다. 가장 비싸고 좋은 생두를 확보하고 있다면 완벽한 커피의 문턱에 와 있는 것이다.

과일 시장 같은 커머셜 시장

과일 가게에서 가장 비싼 과일은 그해 수확된 과일 공급량에 의해 대략적인
가격이 결정되고 그 후에 비싼 과일은 공급하는 농부와 유통업자의 선별에
의해 가격이 정해진다. 만약 올해는 태풍이 불어 바람에 배가 다 떨어져서
공급이 줄었으면 배 값은 상승하고, 감이 풍년이라 공급이 늘면 감 값은
내려간다. 생두도 마찬가지다. 커피 가격이 정해지는 것도 대략 비슷하다. 물론
다른 변수(금리, 투기자본, 국제유가, 생산국의 규제) 등도 커피 가격에 영향을
주기는 하지만, 과일처럼 주로 수요 공급에 의해 이루어진다. 특정 국가에서
가뭄이나 홍수, 녹병 등으로 작황이 좋지 않으면 공급 물량이 줄어 가격이
상승한다. 대체국의 생두도 연결되어 상승하는 것이다. 이것은 일반적인
뉴욕이나 런던 등 커머셜 마켓의 경우이다. 심리적으로 합리적인 가격이
형성된다. 세상에서 가장 비싼 커피도 수급을 기본으로 하되 결국 누군가의
평가, 어떤 기관의 평가에 의해 가격이 정해진다.
필자는 독일 상사(함부르크 커피)에서 국내 생두 수입과 유통을 담당했다.
국제 커피 지수를 바탕으로 넘겨받은 가격을 기반으로 시장을 분석하고
합리적인 가격을 판매처에 오퍼하는 일을 했다. 주 업무가 고객들의
컴플레인을 해결 중재하는 일이었다. 문제의 대부분은 시시각각 변화하는
커피 가격이고 가격에 맞는 품질이다. 결국 돈이다. 일 특성상 가격에 민감할
수밖에 없었다. 국제 커피 선물 시장은 국내 과일 시장보다 좀 더 복잡하게
얽힌 구조이다. 시황에 따라 같은 품질의 커피도 비싸게 살 수 있고 환율의
등락에 의해 가격은 시시각각 변한다. 과일 가게에 전시된 과일 중 가장 비싼
것을 고르는 마음 편한 방법으로는 좋은 재료를 선정하기 힘들어 보인다.
물론 수요, 공급과 상관없이 희소성으로 높은 가격을 형성하는 커피도 있다.
가령 너구리, 고양이, 코끼리 등 무슨 무슨 똥으로 일컬어지는 똥 커피.
처음에는 희소성으로 독특한 커피였을지 몰라도 현재는 똥 커피 생산을 위한
농장까지 등장하는 시점에서 동물 학대의 문제도 있을 수 있으니 다루지
않도록 하겠다.

8

피겨스케이팅 채점, 스페셜티 시장

유럽 최대의 말 생산국 독일에서는 말을 경주시켜 순위별로 등수를 매겨
낙찰을 한다. 제일 잘 뛰는 말이 제일 비싼 말이 된다. 올림픽 육상 경기에서
제일 빠른 선수가 금메달을 따는 것과 같은 방식이다. 가장 합리적인
방법이고 필자가 생각하는 가장 옳은 방법이지만 이런 기계적인 방법으로는
인간이 행하는 아름다운 몸놀림을 점수 매길 수 없다. 그래서 피겨스케이팅의
경우에는 평가항목이 기술점수와 프로그램 구성(예술점수)으로 나뉜다.
커피는 육상경기가 아닌 피겨스케이팅이다. 커피에 점수를 매겨
낙찰하는 기관으로는 비영리 단체 ACE(Alliance for Coffee Excellence)가
주관하는 COE(Cup Of Excellence)가 대표적이다. 각 나라에 있는 농장에서
자유롭게 출품된 원두를 심사하고 점수를 매긴다. 그런데 여기서 심사위원의
예술적인 취향과 주관이 반영된다. 마치 피겨 스케이팅처럼. 심사의 논란이
있을 수 있지만 피겨스케이팅 1위, 즉 COE 1위를 찾는다면 완벽한 커피를 만들
수 있을까? 국가마다 시장에서 선호하는 맛들이 다르고 음용 형태가 다르고
소비패턴도 다르다. 점수와 상관없이 단맛 구수한 맛을 선호하는 나라도 있을
수 있다. 하루에 커피를 많이 마시는 나라에서는 클린컵에 가장 높은 비중을 줄
수도 있는 것이다. 그럴 일은 일어나지 않겠지만, 전략적으로 점수를 낮게 줘서
낮은 가격에 낙찰을 받으려는 시도도 있을 수 있다. 점수를 사람이 매기기
때문에 일어날 수 있는 불안한 요소는 늘 존재한다. 수년 전으로 기억하는데
일본 UCC에서 설립 주년을 기념하기 위해 전 세계의 COE 1위를 높은
가격으로 사들인 적이 있다. 당시에 UCC에 근무했던 지인 덕분에 전 세계 COE
1위는 다 마셔보는 호사를 누렸다. 그때 느꼈던 감정이 '꽤 수준 높고 괜찮은
커피인데' 정도이지 완벽한 커피라고는 생각하지 않았다. 완벽한 커피는
COE에 등장하지 않을 수도 있다. 굳이 이런 대회에 출품하지 않아도 세계
각지에서 그의 얼굴을 보러 올 테니 말이다.

세상에서 가장 비싼 커피

9

이젠 너무 흔한 게이샤

Gesha 또는 Geisha는 커피 종의 이름이다. 게이샤라는 어감 때문인지
외국기사에도 '일본 게이샤(술자리에서 흥을 돋우는 직업을 가진 여성)랑
상관없음'이라는 설명이 자주 등장한다. 우리만의 오해가 아닌 세계적인
오해인가 보다. 왜냐면 일본이 지금까지 자메이카 블루마운틴, 탄자니아
킬리만자로 등 생두를 브랜드화해서 마케팅적으로 많이 이용한 선례가 있어서
이런 오해가 생긴 듯하다.
현재 게이샤 종은 풍년이다. 세계 COE 중 상위 랭크는 게이샤가 휩쓸고 있고
국내에서도 게이샤라는 이름으로 많은 나라에서 수입되고 있는 형편이다.
게이샤 종은 1930년대 에티오피아에서 발견되어 탄자니아를 걸쳐 코스타리카
열대농업연구기관 CATIE를 걸쳐 지금의 파나마로 정착하게 된다. 에티오피아
게이샤 빌리지, 게이샤 에스테이트로 표시되는 생두도 등장하는데 이는
게이샤 종과는 무관하다. 파나마에 정착한 게이샤는 피터슨 가문 에스메랄다
농장에 의해 재발견되면서 꽃을 피운다. 'God in a Cup' (커피 컵 속에 있는 신)
이라는 찬사를 받게 되고 명성을 얻었다. 게이샤 종(T2722)은 파나마에만
머물러 있지 않고 온두라스와 과테말라의 유명농장으로 넘어가서 보존
발전되었고 COE에서도 좋은 결과를 내놓으면서 승승장구하게 된다. 하지만
호사다마라고 했던가. 유명세를 타게 된 게이샤 종은 세계 여러 나라에서
게이샤라는 이름을 종과 지역 등으로 혼용해서 사용하게 되었고 독자적인
이름의 많은 게이샤를 내놓다 보니 혼란이 왔다. 가령 에티오피아 게이샤
빌리지, 게이샤 에스테이트는 게이샤 종과 상관없는 이름이다. 커피 종이 다른
나라로 이동하게 되면 그 나라의 기후와 지질 지형 관계 배수 즉 풍토가 다르기
때문에 다른 커피가 된다. 종과 떼루와는 합이 잘 맞아야 번성하게 된다. 이
부분은 다름에 설명할 기회가 있겠다.
합리적인 소비자라면 어느 지역에서 자라는 게이샤인지를 확인해야 하겠다.

일만시간 커피로스팅   026

세상에서 가장 비싼 커피라는 이름의 아름다운 마케팅

엘리다 농장은 4대째 커피를 하는 농장이고 라마스터스(Lamastus) 가문의
소유이다. 이 가문은 SACP(파나마스페셜티협회) 설립에 중추적인 역할을
했다. 2006년에 에스메랄다 농장에서 게이샤 종을 받아 심기 시작했다. 대를
거듭할수록 생두 부분에서 완벽한 커피에 비슷한 커피가 생산되기 시작한
것이다.

2018년에 Elida Estate Gesha Natural 커피가 '베스트 오브 파나마' 옥션에서
파운드당 803불로 낙찰되었다. kg으로 환산했을 때 200만 원을 호가하는
어마어마한 가격이다. 금액으로 봤을 때 입이 떡 벌어지고 정신을 혼미하게
만드는 이 커피를 낙찰받은 미국의 Klatch라는 카페는 낙찰받은 가격 803불을
기념하기 위해 엘리다 내추럴 게이샤 803이라는 이름으로 제품을 출시했다.
이를 잔당 75불에 판매했다. 이 잔을 원화로 환산했을 때 9만 원(원달러 환율
1200원)이 조금 넘는 금액이다. 세상에서 가장 비싼 커피치곤 그렇게 과하지
않은 금액이다.

여기서 우리가 알아야 할 중요한 포인트가 있다. 그러면 Klatch는 이 세상에서
가장 비싼 커피를 몇 잔을 판매할 수 있을까?

이 경매에서 낙찰받은 커피의 양은 총 100파운드에 불과하다. 이중 Klatch는
10파운드를 가져갔고 나머지는 타이완 업체와 일본 업체가 나눠 가졌다.

10파운드는 4.5kg, 이를 로스팅했을 경우 유기물과 수분의 손실을 감안하면 총
원두 4kg이 생산된다. 브루잉으로 잔당 20g을 사용한다고 하면 4,000g 나누기
20g 즉 200잔 정도를 공급할 수 있다. 10g을 사용해서 드립백을 만들면 400개를
만들 수 있다. Klatch는 팩당 100불로 판매했었다. klatch 커피는 우리 돈 천만
원도 안 되는 상품 구입 금액(단순 상품 구입금액만 산정)으로 세상에서 제일
비싼 커피를 판다는 마케팅을 하고 있다고 본다. 세상에서 가장 비싼 커피가
가장 아름다운 마케팅으로 활용된다.

1999년 브라질에서 시작된 비영리단체(수익금은 농부들에게 돌아가고 일부는
운영자금으로 쓰인다)인 COE는 국제 커피 선물가격의 하락에 농가의 수익을

증대시키고 품질 향상을 위해 탄생하였다. 지금껏 12개국에서 140개가 넘는 옥션을 진행했다. 첫해 파운드당 2.6불이었던 낙찰 가격도 2019년 코스타리카 옥션에서 300불이 넘었다. 시장규모는 여전히 작다. 지난 20년간 COE가 낙찰로 벌어들인 수익은 6천400만 불 수준이다. (출처: ACE홈페이지) 베스트 오브 파나마 옥션에서 벌어들이는 농가의 소득도 그리 많지 않은 것으로 안다. 시장 규모의 크고 작음, MOQ(최소 주문수량) 같은 규모의 경제가 상품의 질과 가치에 특히 가격에 영향을 미칠 수 있다. 커피라고 예외는 아니다. 이러한 작은 시장이기 때문에, 적은 물량이기 때문에 규모가 크지 않은 세계의 많은 커피 회사에서도 COE를 접촉하거나 수입하려는 시도가 있다. 이러한 작은 시장은 우리에게 기회가 될 수 있다. 세계에서 가장 비싼 커피도 양만 놓고 따진다면 먼 이웃 나라의 일은 아니다.

엘리다 농장은 2019년에도 베스트 오브 파나마 게이샤 내추럴, 워시드 부문에서 2년 연속 우승을 차지했었고, 파운드당 1,029불에 최고가 행진을 달리고 있다. 2018년과 비슷하게 일본의 사자커피, 미국의 드래곤 플라이 등 익숙한 이름들이 낙찰을 받았지만 여전히 양은 적었다.

긴밀하게 또는 은밀하게 거래되는 완벽한 커피

과수원을 운영하는 지인이 있다. 나무에 비료를 충분히 주면 과실의 사이즈가
커진다고 한다. 현대 농업 기술에 의하면 모든 상품이 가능하다고 할 정도로
비료의 종류는 많다고 한다. 상품성을 위해 과실은 크게 만들 수 있다. 하지만
과실이 커지면 그만큼 당도는 떨어지게 된다. 그런데 비료를 적게 주어 작은
열매가 나는 나무에서 큰 열매가 열리는 경우가 있다. 큰 열매가 작은 열매들의
영양분을 빼앗아 간 것일까? 여기에 열린 큰 열매는 비료를 많이 줘서
사이즈를 키운 열매와는 다르게 높은 당도와 좋은 맛을 낸다고 한다. 마치
엘리다 에스테이트에서 특별히 잘 관리된 생두처럼 말이다. 당연히 이것 역시
양은 적다. 이 적은 양은 과수원 농장주의 가족이나 가족 같은 단골들에게만
보내준다고 한다. 완벽한 커피를 위한 완벽한 생두를 찾기 위해서는 낙찰 같은
노출된 경로를 보다 긴밀하게 또는 은밀하게 농장과 관계를 맺어야 한다.
우리보다 커피를 먼저 시작한 유럽과 일본은 이것을 알기 때문에 유기적이고
가족적이고 끈끈한 관계를 위해 지속적으로 오래 투자하고 노력한다. 마음을
사는 이 방법이야말로 완벽한 커피를 위해 선행해야 할 과제이고 가장 확실한
방법이다.
이들은 또 어디 과수원이 잘하는지 서로 잘 안다고 한다. 어디는 자두를 잘
심고 어디는 복숭아나무를 잘 접붙인다는 식의 정보를 파악하고 있다는 것.
또한 젊은 영농 후계자가 새로운 정보로 농법을 시도해서 좋은 결과를 내놓는
경우도 있다. 피터슨 가문의 에스메랄다 농장에서 새로운 종을 심어 게이샤
커피의 시작을 알린 것처럼.
일반적으로 대를 이어서 하는 과수원이 꾸준히 좋은 소출을 내놓는데, 대를
이어서 오랜 시간 나무를 지켜본 과수원이 좋은 과실을 얻는 것은 당연하다고
할 수 있다. 엘리다 농장처럼 대를 거듭해서 훌륭하게 해낸 것처럼.

완벽한 커피를 만들기 위해서는 새로운 정보와 새로운 시도를 해야한다.
하지만 대를 거듭해야 하는 각오도 해야 할지 모른다. 내 대가 아니더라도

다음, 그다음 세대를 거듭할수록 마침내 완벽한 커피를 만들지도 모른다.
호흡을 가다듬어 본다. 긴 호흡으로 기다리자. ☕

GOOD   BEST

세상에서 가장 비싼 커피

다이렉트 트레이드와
공정무역의 본질과 방향성

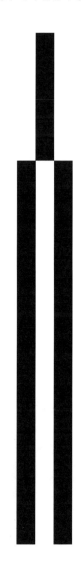

12

직거래 산지직송이라고 하면 가격이 저렴할 것 같고 신뢰가 간다. 중간 유통 마진이 없어져 가격은 당연히 저렴할 것이고, 생산자를 알기 때문에 물건을 받으면 친근한 기분까지 든다. 커피에서도 산지 농장에서 직접 가져오는 다이렉트 트레이드(Direct Trade)가 요즘 성행한다. 더 나아가 생산자에게 이윤을 공정하게 돌아가게끔 한다는 취지의 운동도 있다. 맛뿐 아니라 윤리적으로도 완벽한 커피를 찾고 싶어 하는 노력으로 소비자 중심이 아닌 생산자 중심의 소비를 요구하는 공정무역(Fair trade)도 있다. 이러한 일들이 벌어지는 배경과 이유 그리고 앞으로 나아갈 방향을 제시하고자 한다.

다이렉트 트레이드와 공정무역의 본질과 방향성

커피 트레이너(브로커)의 삶

커피브로커(트레이더)는 커피산업 전반에 중대한 역할을 하지만 잘 알려지지 않은 직업군이다. 필자는 독일 상사 함부르크 커피(Hambug Coffee)의 국내 생두 영업을 담당하면서 처음 커피와 인연을 맺었다. 지금도 여전히 인스턴트커피 시장 점유율이 높지만, 당시에는 시장의 90% 이상이 인스턴트커피였고, 원두커피 자체가 생소하던 때였다.

이런 분위기에서 생두 무역은 정말 희귀한 분야였다. 시차로 인해 밤낮이 바뀌는(독일과의 시차는 8시간) 올빼미형 인간이 될 수도 있다. 한국 시간으로 오후 4시 이후에 커뮤니케이션이 이루어지기 때문에 퇴근 후부터 밤까지 메일을 확인해야 하는 경우도 생긴다. 직장인으로는 약간 고된 직업임에 틀림없다. 또 업체로부터 자잘한 질문을 받아야 하고 레포트나 숙제도 대신해줘야 한다.

사실 커피 브로커가 하는 일은 시장 상황을 검토하고, 물건을 잡고, 가격을 제시하고, 거래를 성사시키는 것이다. 사후 통관 이후에 있을 클레임도 해결한다. 뉴욕시장 기준 오전 4시 14분에서 오후 1시 30분에 열리고, 한국에서는 오후 5시 15분에서 새벽 2시 30분까지 시장이 열린다. 시장의 정보가 개방되다 보니 선물거래로 계약을 희망하는 업체까지 생겼다. 새벽 2시에 가격을 픽스하는 상황이 생겨 브로커의 삶은 더욱 고단해졌다.

와인에 와이너리가 있듯이 커피도 커피농장이 있다. 당시 나에게 필요했던 개념은 커피는 컵에 담긴 향기로운 유혹이 아니라 씨앗(Seed)이었다. 커피에서 낭만을 제거해 버리니 비로소 '농산물로써의 커피'의 실체를 볼 수 있는 능력을 갖추게 됐다. 낭만이 사라진 커피, 적도를 넘어오는 부패의 위험이 도사리고 있는 실체로써의 농산물. 오파의 많은 비중이 인스턴트 로부스타가 많았기 때문에 스펙 있는 농산물이라는 생각은 한동안 계속되는 듯했다.

당시 브로커는 커피에 대한 지식보다는 역시 숫자 감각과 영업력을 갖추는 게 더 큰 덕목이었다. 낭만이 없어야 유능한 브로커가 될 수 있었다. 하지만 지금은 달라졌다. 한국커피시장이 상향평준화가 이루어진 상황에서

트레이더에게는 시황, 산지정보, 가격동향, 뉴스 세계정세까지 시황을
파악하는 능력과 더불어 로스팅과 커핑에 대한 전반적인 지식이 요구된다.
이제는 컵(Cup)으로서의 커피, 한 잔의 커피를 멋들어지게 표현할 수 있는
낭만적인 브로커를 시장에서 요구하고 있다.

국제 커피 선물시장

커피는 국제 수출입액이 200억 달러를 초과하는 국제 증권거래소에 상장된
상품이다. 커피 가격은 선물시장에서 정해진다. 선물계약은 구매자가 계약이
만료되는 미래에 지정된 시간에 미리 결정된 가격으로 이루어진다.
가장 큰 선물 시장은 시카고에 있다. 커피는 뉴욕과 런던에서 거래된다.
뉴욕선물거래소에서 아라비카가 거래되고 로부스타는 런던선물거래소에서
거래가 이루어진다. 이 두 상품은 각자의 시장으로 보면 된다. 가격과 물량과
상관없이 각자도생하는 경향이 있다.
아라비카의 경우 산지상황(가뭄, 홍수, 커피나무의 노령화)과 국제
정세(투자자본, 국제유가, 각종 규제)에 따른 물동량 변화에 따라 서로 영향을
주고받는다. 예를 들어 콜롬비아에 녹병이 돌아 작황이 좋지 않으면 콜롬비아
커피의 생두 수출 물량이 줄어든다. 그러면 생두 가격이 높아지고, 이를 대체할
수 있는 과테말라나 코스타리카 생두들의 가격도 올라간다.
석유 가격이 상승하면 비료 가격도 올라가고, 그러면 유지비가 많이 들어 결국
커피 가격도 상승한다. 생산국의 화폐가치가 떨어지면 수출을 포기하는
농가가 많아져 생산량이 낮아진다. 이는 또 커피 수급 문제로 이어질 수 있다.
이렇듯 세계가 하나로 묶여 돌아가니 어느 한나라만 풍년이 들어 작황이
좋다고 안심할 수도 없는 노릇이다.
얼마 전 '콜롬비아 커피 리더, 커피 가격 하락으로 커피선물시장에 대한
제시'라는 기사를 읽은 기억이 난다. 커피 선물지수 가격이 이렇게 유지된다면
농부와 정부 모두 거지가 된다는 다소 자극적인 내용이었다. 콜롬비아의 경우
콜롬비아커피생산자 협회 FNC에서 생두 수출입을 관리하는데, 국제 커피
가격 하락으로 농부와 정부가 계속 손해를 볼 수 없어서 선물시장에서
콜롬비아를 탈퇴시키겠다는 내용이었다. 그러나 결국 이루어지지 않고
해프닝으로 끝났다.
원유나 밀처럼 커피는 힘 있는 협회나 조직이 존재하지 않는다. 커피
생산국가들도 저개발 국가나 빈국들이 많다. 농부들과 각 국가에서도 시장에

대한 독점적 지위를 갖추지 못한 상황에서 커피 가격을 독자적으로
통제하거나 조절하기가 힘들다.

시장의 큰손 독일 자본

커피 원산지하면 당연히 아프리카나 남미를 떠올리겠지만 브로커들은
유럽이나 미국 또는 일본을 먼저 떠올린다. 원산지에서 수입물량의 대부분이
유럽과 미국에 편중되어 있기 때문이다.

커피시장에서 독일 자본의 역사는 뿌리 깊다. 중미나 남미의 농장주 소유의
기원을 보더라도 독일 이주민들을 쉽게 찾아볼 수 있다. 3국에 걸친 복잡한
지분구조를 갖추고 있는 거대 독일 자본 JAB Holding Company의 경우 북유럽
최대 커피전문점인 에스프레소 하우스(Espresso House)와 미국에서 두 번째로
큰 커피 전문점 체인이자 미국 내 커피 온라인 판매 1위 업체인 카리부(Caribou
Coffee)를 소유하고 있다. 2014년 8월에는 JAB가 소유하고 있고, 제2의 커피
물결이라 일컬어지는 피츠커피 앤 티(Peet's Coffee&Tea의 브랜드로 Mighty
Leaf Tea를 인수했다. 또 커피의 제3의 물결을 이끌었던 스텀타운(Stumptown
Coffee)을 인수했으며, 인텔리젠시아(Intelligentsia coffee&Tea)의 지분까지
대부분 인수했다.

커피시장의 큰 흐름인 제2의 물결을 이끈 Peet's coffee가 제3을 물결
스텀타운과 인텔리젠시아를 흡수해 더 큰 파장의 파도를 만드는 매우 의미
있는 사건임에 틀림없다. 더 나아가 2016년 3월 JAB 및 기타 투자자는 Keurig
Green Mountain을 143억 달러에 인수하고 같은 해 5월, 미국 도넛 상점 운영자
크리스피 크림(Krispy Kreme)도 135억 달러에 인수했다. 이렇게 보면 독일
자본은 커피가 시작된 초창기부터 현재까지 막대한 자본으로 세계커피
시장을 주도하고 있다. 생두도 상황은 크게 다르지 않다. 현재도 양질의 생두가
자본을 앞세운 유럽과 미국으로 이동 중이다.

우리나라도 농장과의 직거래 등의 시도로 이 시장에 참여는 하고 있지만
신뢰도와 자본에 밀려 외국업체가 좋은 생두를 싹쓸이하는 형국이다. 여전히
농장주들의 관심은 규모가 작은 스페셜티시장보다 오래 거래한 큰손으로 향해
있다.

로컬수출업체와 해외업체

독일이나 프랑스에서는 예전부터 로컬 수출업체에 자금지원과 생두 구매로
관계를 맺어왔다. 산지에 유럽 회사가 많은 것은 이러한 이유에서다.
원산지에서 생두를 직접 구매하기 위해서는 크게 두 가지 채널이 필요한데,
현지 로컬 수출업체와 해외업체를 통하는 방법이다. 해외에 생두 가공 공장인
밀(Mill)을 지어서 생산관리와 수출을 모두 하는 업체와 단순 트레이딩만을
전담하는 업체로 구분할 수 있다.

다국적 곡물 기업의 경우 커피가 그들이 취급하는 여러 품목 중 하나인 경우가
많다. 커피는 그들에게 장기 투자하는 하나의 상품이다. 아무것도 없던
황무지에 자본을 투입해서 밀을 만들고, 고용을 만들고 재빠르게 상품을
만들어낸다. NGO단체에서 1년을 예상한 프로젝트를 곡물기업이 자본과
시스템을 이용해 2달 만에 마쳤다는 무용담은 현지 업체를 통해 어렵지 않게
들을 수 있다.

밀을 가동하면서 현지 농부들과 지속적인 관계를 만들고 교육을 시키는 것은
결국 양질의 생두를 확보하기 위한 의도에서 시작된 당연한 내부적인 노력인
것이다. 이러한 투자는 생두 가격 향상으로 반영된다. 생두 가격 속에는 이러한
투자비용이 존재한다는 것을 항상 고려해야 한다.

해외 업체 중에 가장 큰 회사로 27개국에서 49개의 회사를 소유하면서,
생산부터 수출, 수입, 분류 등 포괄적인 서비스를 하는 독일 노이만커피 그룹
(Neumann Gruppe GmbH, NKG)이 선두에 있다. 또 다국적 곡물 메이저로
루이스 드레프스(LDC), 볼 카페(Volcafe), 이콤(Ecom), 올람(Olam), 수카피나
(Sucafina) 등이 있다.

이러한 거대회사들도 스페셜티 시장에 대응하기 위해서 스페셜티 커피에
특화된 자회사를 둔다. 실제로 인터아메리칸 커피(InterAmerucan)와
아틀라스커피(Atlas coffee)가 NKG(노이만 그룹)소속이고, 슐리터(Schulier)가
올람(Olam)의 자회사이다. 이외에 작은 규모의 트레이딩 회사가 생겨나고
합쳐지면서 활발하게 무역활동을 이어간다.

국내 대기업이나 대형 프랜차이즈의 경우 현지 수출업체를 통한 거래보다는 해외 메이저 업체와의 거래를 선호한다. 결제 부분과 계약의 안정성을 위한 것이다. 여러 원산지에서 수급의 안정성과 거래의 편의성 또한 선택에 한 몫한다. 또 해외 메이저 업체는 가격과 서비스 측면에서 경쟁력을 가지고 있다. 그러나 이들은 규모의 경제로 로컬현지업체보다 저렴한 가격으로 생두를 구매하기 때문에 저렴한 가격으로 생두를 판매하는 기이한 현상이 나타나기도 한다.

다이렉트 트레이드와 공정무역

다이렉트 트레이드나 공정무역이라고 하면 둘 다 표면적으로는 외국회사를 통하지 않고 현지 로컬 업체와 직접적인 상거래를 하는 무역 형태를 의미한다. 다이렉트 트레이드의 범주를 어디까지 두어야 하는지도 의문이다. 가령 주로 미국에 위치한 해외 트레이딩 업체가 자신들이 사서 창고에 보관한 물건을 직접 사는 것도 다이렉트 트레이드라고 하는 업체가 있을 수도 있지만 이는 단순 트레이딩이다. 산지에서 직접 사는 것 더 나아가 생산 공정에도 일정 부분 참여하는 것으로 한정해야 글의 취지에 맞는 것이다.

제3의 물결을 이끈 포틀랜드에 위치한 스텀타운커피(Stumptown coffee)와 샌프란시스코의 리추얼커피(Ritual coffee), 시카고의 인텔리젠시아커피(Intelligentsia coffee)등은 원산지에서 다양하게 생두를 직접 가져오는 시도들을 했고, 지금도 활발하게 다이렉트 트레이드를 하고 있다. 품질 좋은 생두를 안정적으로 확보할 수 있고 개인 로스터나 카페만의 시그니처 메뉴를 위한 전략적인 선택인 셈이다.

그러한 흐름은 현재 우리나라까지 영향을 미쳤다. 가끔 산지 로컬업체에서 직접 사오는 개인 로스터리 샵들도 생겨나고 있고, 입찰에 옵저버로 참여하는 한국인들의 사진도 종종 볼 수 있다. 높은 가격을 치르더라도 유통이 목적이 아닌 자가소비용이나 개인 카페에서 소비할 수준이라면 충분히 가격적인 메리트가 있다.

거래가 지속되다 보니 단순히 직접적인 상거래뿐 아니라 자전거를 보내주기도 하고, 학교의 어린이들의 학비를 보전해 주는 등 인도적 차원의 운동으로까지 발전하기도 했다. 하지만 다이렉트 트레이드의 본질은 스페셜티 시장의 발전과 함께 좋은 품질의 생두를 확보하기 위해 필연적으로 생겨난 무역의 긴밀한 형태로 봐야 한다. 좋은 생두를 만들기 위해 생산단계에서의 프로파일이 필요했고 생산을 위해 농부들의 교육이 필요했다. 생산자와 접촉을 하다 보니 자연스럽게 관계가 형성됐지만 목적은 본인들의 생두 확보에 있다.

다이렉트 트레이드가 스페셜티 생두를 위한 목적으로 생겨난 무역의 형태라고 한다면, 공정무역은 경제선진국과 개발도상국 간의 불공정한 무역구조 개선을 위해 형성된 대안적 형태의 무역이다. 부의 편중과 노동력 착취 등의 인권침해 문제를 해결하기 위한 사회운동에 가깝다. 커피에서도 커피 농가에 돌아가는 이윤이 적게 발생하다 보니 지속 가능한 농업형태에 저해요인이 된다는 판단에 보다 높은 가격으로 구매를 했다.

18
공정무역의 방향성

시장은 냉정하다. 10년 전에 수준 낮은 커피가 공정무역이라는 이름으로 소개되어 국내 시장에서 냉담한 반응을 얻었다. 아직도 당시에 맛보았던 커피를 생각하면 충격적이다. 이러한 부작용 때문에 공정무역 커피에 대한 선입견을 갖게 됐고, 공정무역 커피가 자리를 잡는데 어려움을 줬다. 마치 저가의 로부스타 원두를 사용하는 커피전문점이 먼저 시장에 소개되는 바람에 원두커피시장을 늦춘 것처럼 말이다.

의도가 아무리 선하다고 할지라도, 그러한 의도에 호응하는 소비를 원하는 소비자라고 할지라도 품질 낮은 커피를 계속 비싼 가격으로 사 먹지는 못한다. 소비자에게 공정하지 않다. 결론적으로 맛이 없다면 공정무역은 지나치게 낭만적이거나 허울 좋은 구호에 불과하다.

공정무역 커피 역시 기본적으로 많은 쉬퍼(shipper)를 거느리면서, 물량을 쥐락펴락하면서 가격적인 우위를 점하고 있는 메이저 생두 무역회사와 같은 그라운드에서 가격 경쟁을 해야 한다. 여전히 산지에서 미리 년 간 계약을 해놓고 물량을 싹쓸이하고 있는 기존 유럽과 미국의 대형 유통채널 거래처에 맞서 물건 확보를 위한 전쟁을 해야 한다.

이 가혹한 전쟁에서 승리하기 위해서는 단순히 커피 구매에 그치는 것이 아니라, 커피 농가의 자립을 돕고 품질 좋은 커피를 만들 수 있는 기반 형성을 위해 핵심 역량을 쏟아야 한다. 핵심역량은 품질이다. 좋은 맛이다. 그때서야 진정으로 생산자와 소비자 모두에게 공정한 커피가 될 수 있다. 지속 가능한 커피가 될 수 있다.

결론적으로 공정무역의 정신을 갖되 형태는 다이렉트 트레이드를 해야 한다. 생산부터 산지에서 긴밀하게 농부와 같이 호흡하면서 신뢰를 바탕으로 좋은 품질의 커피만을 위해서 나아가야 한다. 다행이다. 지금 맛보는 공정무역 커피는 이제야 속까지 아름다워진 커피가 되었다. 대단히 고무적으로 생각한다.

커피 트레이더 브로커로 출발했지만 필자의 최종 목적 역시 공정무역을 위한 다이렉트 트레이드이다. 어쩌면 커피를 하는 커피인 모두가 꿈꾸는 커피에 대한 본질적인 접근이자 노력이 아닐까? 맛도 좋지만 의도까지 아름다운 커피. 윤리적으로도 완벽한 커피. 모두가 행복한 완벽한 커피. ☕

The Roaster meets the finest Farmer

다이렉트 트레이드와 공정무역의 본질과 방향성

요리로서의 로스팅 1
찜과 구이, 숫자와 관능

19

완벽한 재료가 준비됐으면 이젠 완벽한 요리법이 필요하다. 커피에서의
요리법은 로스팅이다. 오랫동안 두고 봐야 알 수 있는 것이 있다. 오래
사귈수록 그 사람에 대해서 잘 알 수 있는 것처럼 로스팅 또한 그러하다.
필자는 일주일에 3~6일, 하루 평균 5시간씩 로스팅을 한다. 시간으로 따지면
지금까지 1만 5,000시간 정도를 로스팅으로 보낸 것 같다.

오랫동안 한 로스팅을 훈장처럼 자랑하려는 것은 아니다. 실제로 오랫동안
로스팅을 한 로스터도 로스팅에 대해 의외로 전혀 다르게 알고 있는 사람도
많은 것이 현실이다. 그럼에도 불구하고 시간을 언급하는 이유는
로스팅이라고 하는 것이 머리가 좋거나 통찰력이 있어야 하는 작업은 아니기
때문이다. 오랜 시간 하다 보면 저절로 되는 부분이 분명 있다. 익숙해지면
이렇게 단순하고, 지루하고, 고된 작업도 찾기 힘들 정도이다.

하지만 더 다가서려 할수록 도망치는 사람도 있는 것처럼 벗겨도, 벗겨도
민얼굴을 드러내는 양파처럼 또는 수많은 오해와 신비로 가려진 것이 커피
로스팅이다. 이제 관능과 시간과 숫자로 필자가 알아낸 것들을 바탕으로 그
실체에 맞닥뜨리고자 한다.

레시피 : 총시간

관능으로서의 로스팅은 음식으로 비유된다. 하지만 이 개념을 머리로는 인지하지만 마음으로 받아들이고 몸으로 체화하여 응용하기까지는 오랜 시간이 걸린다. 요리에는 레시피가 존재한다. 레시피에서는 가령 끓는 물에 15분 익히세요, 전자레인지에 20분 돌리세요, 이런 식으로 숫자로 나타낸다. 필자가 인식하는 관능적 요리로서의 로스팅은 '찜과 구이'의 경계를 수시로 넘나드는 것'이다. 로스팅 과정에서 수분을 이용해서 찌면서 생두의 내부까지 익혀야 하는 경우가 있고, 구이처럼 구워야 하는 경우도 생긴다. 이 경계를 수시로 넘나들어야만 고급수준의 로스팅이 가능하다. 찜과 구이의 경계가 로스팅의 핵심이자 실체이다.

로스팅을 하다가 시계와 온도계에 매몰되어 갈 때쯤, 요리 레시피로서 로스팅을 다시 상기시켜야 한다. 그러면 의외로 얼굴을 가린 신부 같은 로스팅이 그 민낯을 빨리 보여줄 수도 있을 것이다. 로스팅에 있어서 가장 중요한 숫자는 로스팅 총시간이다. '중간 불로 생두를 12분 30초 내지는 15분 고르게 익히세요' 등의 솔직하고 노골적인 개념이 어쩌면 로스터에게는 역설적으로 가장 받아들이기 어려운 개념일 것이다.

로스팅에서는 레시피를, 시간에 따른 온도 변화를 숫자로 나타낸다. 생두가 드럼 안으로 들어오면 드럼 내부에 장착된 온도계가 생두의 표면 온도를 측정한다. 생두가 드럼 안을 가득 채우게 됐을 경우 온도계는 생두 무더기 속에서 실제 생두 표면 온도를 잴 것이고, 생두가 드럼을 채우지 않은 상태에서는 대기 파일 온도(Pile Temperature) 또는 내부 온도를 잰다. 1분~3분의 시간이 지나면(로스터의 종류에 따라 차이가 나지만 평균) 생두와 내부 공기와의 열 평행이 이루어지고 온도는 상승하게 된다. 음식 재료가 익듯이 커피도 잘 익어가다 어느 순간이 되면 생두 조직은 열을 견디지 못하고 결이 갈라지는 현상이 나타나는데, 이것을 일차 크랙 또는 일차 팝이라고 칭한다. 생두가 열을 흡수하느냐 배출하느냐에 따라서 흡열반응 발열반응이라 한다. 그 범위에 따라 전문가들의 의견이 다르지만, 로스팅이라는 요리에 있어서 중요한 것은 아니다. 확실한 것은 1차 크랙은 육안으로 배출되는 가스와 수분 때문에 열을 공급하는 것은 의미가 없다. 다만 1차 크랙 후를 어떻게 진행할 것인가만을 염두에 둔 화력조절과 배기조절만 있다.

시간에 따른 온도의 변화를 기록하면 이것이 로스팅 요리 레시피 즉 로스팅 프로파일이다. 횟수가 거듭될수록 로스팅에 대한 세부적인 프로파일과 이론, 가령 효율적인 열전달 방법(전도 대류 복사)이나 로스터에 따른 맛 차이 등을 다룰 것이지만, 이번 회에서는 총시간만을 가지고 이야기하려고 한다. 그만큼 가장 중요하기 때문이다.

지금부터 우리가 기억해야 할 숫자는 12분 30초이다. 이 12분 30초라는 총시간이 모든 로스터에 적용되는 절대적인 시간은 아니지만, 기준점은 될 수 있다. 실제로 Fluid bed 방식의 열풍 로스터는 4분~7분에 로스팅이 완성된다. 이렇게 볶은 커피는 추출을 통해 액상으로 만들어진다. 공정에 따라 FD(Freeze-Dried)나 SD(Spray Dried)로 나뉘고 맛과 향에서 차이가 난다. 그러나 결국 인스턴트커피의 특성상 극한의 맛을 끄집어내는 기민한 로스팅이 아니라 생산이 주목적이다. 생산의 효율성이 우선이다. 그러다 보니 짧은 시간에 많은 양을 로스팅해야 한다. 일반 로스터가 접근할 수 없는 분야이며 목적도 다르다. 우리와는 다른 세계이다.

이 경우를 제외하고 회전하는 둥근 드럼을 이용하는, 드럼형 샵 로스터의 경우 12분 30초가 커피를 맛있게 먹을 수 있는 황금 레시피다. 이 숫자는 열풍을 주로 사용하는 로스터(반 열풍 방식이지만 열풍을 주로 사용하는 프로밧 포함)에 더욱더 유용하다. 2만 개 이상 로스팅 프로파일을 가지고 실험을 했던 부트커피(Boot Coffee)의 윌렘 부트(Willem Boot)도 프로밧 12kg로 사용해서 가장 맛있는 본인의 프로파일로 에스(S)자형 로스팅 프로파일을 로스트 매거진(Roast Magazine)에 발표했다. 그가 발표한 12분 30초라는 시간은 결코 우연히 만들어진 요리 레시피는 아닌 것 같다.

경우에 따라서는 20분이 넘는 커피가 있을 수 있고, 8분에 로스팅을 마치는 커피도 있을 수 있다. 하지만 모든 커피를 12분 30초에 배출하라고 권해본다. 로스팅 정도에 따라서 맛 차이가 천차만별이고 기호가 다르다. 하지만 기준을 잡을 필요가 있기에 브라질, 에티오피아, 과테말라, 만델링 등 예외 없이 모든 커피를 12분 30초에 배출하라고 권해본다.

요리로서의 로스팅 1

좀 더 자세하게 제시하면 2차 크랙 들어가서 배출(2차 크랙 소리 한두 개 듣고 나오면서 터지는 배출)이라는 과제를 주고 싶다. 한 가지 더 팁을 주자면, 1차 크랙이 시작하면 불을 끄거나 줄이는 것을 제안하고 싶다. 앞서 설명했듯이 1차 크랙에 들어서는 순간에 생두가 열을 받지 않고 배출을 한다. 발열반응이다. 하지만 주의해야 할 점이 발열반응이 끝나고 바로 흡열반응으로 돌아서기 때문에 지나치게 긴 시간의 텀(term)을 두면 열 손실로 인해 커피가 플랫해질 수 있으니 주의하기 바란다.

12분 30초에 맞추기 위해서는 첫 번째, 로스터 본인의 최대화력을 파악하는 것이 중요하다. 최대화력이란 로스터 용량의 80%를 넣었을 때 1차 크랙(열을 받은 생두가 표면이 처음으로 깨지는 현상)이 6분에 올 수 있는 화력을 의미한다. 12분 30초에 맞추기 위해 1차 크랙을 6분에 맞추라는 의미가 아니라 자신의 로스터 성능을 파악하라는 의미이다. 성능을 파악하고 있어야 불을 키우거나 줄이거나 하면서 요리하듯이 불을 조절할 수 있기 때문이다.

두 번째, 투입온도를 맞추는 것이다. 투입온도를 맞추는 것은 로스터가 로스팅에서 행하는 가장 근본적이고 중요한 행위이다. 투입온도는 터닝포인트 편에서 다시 다루도록 하겠다. 로스터에 따라서 투입온도만 맞추고 불 조절을 한 번도 하지 않고 로스팅을 마치는 경우도 있다. 말 그대로 로스팅은 로스팅머신이 하는 것이다. 이 두 가지를 염두하고 로스팅을 시작해보자.

21
예열

재료가 준비됐다. 재료에 맞게 조리 도구도 준비됐다. 조리도구 즉, 프라이팬에
따라서 열 전도율과 열 보존율이 다르다. 하지만 재질에 상관없이 모든
조리도구에 재료를 투입하기 위해 적정한 온도로 데워서 준비를 해야 한다.
아침에 계란프라이를 한다고 가정해보자. 기름이 프라이팬 표면에 퍼지는
온도, 계란이 자글거리면서 요리되는 온도, 이것이 적정한 온도이다. 요즘은
과학의 발달로 인해 요리하기 적당한 온도가 되면 프라이팬 표면에 문양이
나타나는 제품도 등장했다. 그만큼 요리에서도 요리에 적합한 예열을
중요하게 생각한다. 로스팅에서도 로스팅하기 적당한 온도로 로스터를
데워주는 과정이 필요한데, 이것을 로스팅 예열이라고 한다. 로스팅에서
예열은 로스팅 전체 시간과 프로파일 작성에 영향을 준다. 이런 측면에서
요리의 예열보다 훨씬 중요하다.

그러면 어느 정도 예열 시간이 필요한 것일까? 이런 질문을 받을 때면 예전에
다니던 회사 사장님의 일화가 생각이 난다. 그 사장님은 조미료 만드는 회사의
무역을 담당하셨는데, 조미료를 얼마나 넣어야 하는가에 대한 질문을 세계
각처에서 많이 받았다고 한다. 사장님이 알려준 대답은 '음식이 맛있어질
때까지'이다. 나라마다 지역마다 문화마다 기호가 다르기 때문에 용량이
정해질 수 없고 매뉴얼화할 수도 없다. '적당성' 이것이야 말로 로스팅뿐 아니라
모든 요리의 질문을 아우르는 현답이다.

로스터의 경우에도 '적당성'에 해당한다. 로스터가 충분히 열을 받을 때까지
예열해주어야 한다. 로스터마다 경험이 다르기 때문에 선호하는 시간이
다르다. 그리고 로스터 드럼의 재질과 물성에 따라 시간이 달라진다.
스테인리스인가 주물인가에 따라 차이가 있다. 열전달률은 떨어지지만,
보존율이 훌륭한 로스터의 경우 또는 화력이 부족한 로스터의 경우 좀 더 많은
열을 획득하기 위해 화력을 확보하기 위해 좀 더 많은 예열이 필요하다.
또한 계절에 따라서 예열시간이 달라질 수 있다. 온도가 떨어지는 겨울철의
경우 부족한 열을 보충하기 위해 좀 더 많은 시간 예열을 하라고 권해 주고

요리로서의 로스팅 1

싶다. 대규모 생산시설이 있는 공장에서 일하는 로스터도 있지만 열악한
환경에서 일하는 로스터들도 많다. 열악한 환경이라고 하면, 추운 작업 공간
또는 콘크리트 바닥 위에 놓인 생두의 표면 온도 등이다. 이런 경우에는 여름
가을철 보다 좀 더 많은 예열 시간을 요구한다.

필자가 생각하는 적절한 예열시간은 '로스터의 표면을 만져봤을 때 뜨거움을
느끼는 정도까지'라고 말해주고 싶다. 마치 요리 전에 능숙한 요리사가
프라이팬 표면의 온도를 손바닥으로 체크를 하듯이 체크하라.

평균 시간으로 따져보면 로스터의 용량에 따라 다르지만 40분~1시간이라는
기준을 정해주고 싶다. 앞서서 언급했듯이 예열이 중요한 이유는 로스팅
총시간과 연결이 되기 때문이다. 가령 온도계 상으로는 같은 투입 온도에
투입했다고 해도 예열이 덜 된 로스터의 경우에는 로스팅 총 시간이 늘어질 수
있다. 예열 시 생두가 투입되지 않는 상태에서 로스터의 전면부에 부착된 빈
온도를 체크한 온도계는 콩의 온도가 아닌, 드럼 내에 쌓인 단순 대기 온도를
측정한다. 토출구가 닫혀 있거나 배기가 닫혀있는 경우에는 온도가 급하게
올라간다. 그때 측정된 온도를 참고로 투입을 하게 됐을 경우 앞서 말한 예열이
덜 된 케이스이다.

또 반대의 경우가 있을 수 있다. 토출구가 열렸고 배기(댐퍼) 또한 열린 채로
오랜 시간 예열된 로스터의 경우는 예상보다 짧게 로스팅 시간이 프로파일에
나타난다. 예측할 수 있는 열원보다 드럼이 많은 열원을 가지고 있는 경우이고,
이것 또한 온도계에는 나타나지 않는다. 그렇다면 효과적으로 예열을 하기
위해서는 적절하게 배기를 시켜주면서 원하는 시간 40분~1시간가량 충분하게
드럼에 열을 가해줘야 한다.

담배 연기로 가득한 자동차를 상상해보자. 가장 효과적으로 담배 연기를
제거하는 방법은 조수석 문과 운전석 뒷문을 여는 것이다. 이러한 경우가 가장
효율적으로 대기의 흐름을 사용하는 방법이다. 이 방법을 로스터에
적용시키면 로스터 앞 토출구와 댐퍼의 여닫음을 반복하면서 대기를 이용해
로스터를 전체적으로 달구어야 한다.

예열이 잘된 로스터의 경우에도 첫 배치 때는 안정적인 로스팅이 안 되는
사례가 많다. 불안정한 대기와 화력으로 인해 재현성이 떨어지는 것이다.
안정적인 화력을 제공하는 로스터의 경우에는 2번째 배치부터 재현성이

회복되지만 경우에 따라서는 서너 배치 때부터 안정적인 프로파일을 형성하는 로스터도 있다. 본인의 경우에는 첫 배치 때 비교적 기민한 프로파일을 필요로 하지 않는 로부스타나 다크하게 로스팅하는 원두를 선호하는 편이다. 그 후에 로스터가 안정성을 찾게 될 때 상품화되는 메인으로 하는 주력 브랜딩과 스페셜티 커피를 볶는다.

22

터닝포인트 : 항해의 시작

우리에겐 총시간이라는 목표가 정해졌다. 그 시간에 도달하기 위한 첫 번째 단초는 턴어라운드, 바텀아웃(bottom out) 즉 터닝포인트다. 생두를 투입하고 온도가 떨어졌다가 다시 올라가는 시점의 시간과 온도를 터닝포인트로 나타낸다.

로스터마다 정해 놓은 적정한 터닝포인트가 있다. 하지만 로스터마다 차이가 있기 때문에 절대적인 시간은 아니다. 가령 프로바티노(1kg)는 1분에 터닝포인트를 보이고, 기센w6 같은 경우에는 3분의 일정한 터닝포인트를 보인다. 하지만 국산 로스터나 디드릭, 터키 기반 로스터(오즈터크, 하스가란티)의 경우에는 1분 30초에서 2분이 일반적인 터닝포인트이다. 1분 30초에서 2분이 본인의 적정한 터닝포인트 시간이라는 기준을 정해놓았는데, 만약 1분에 터닝포인트가 온다면 초반 화력이 세다는 것을 예측할 수 있다. 반면에 2분 이상 걸린 터닝 포인트는 초반 화력이 부족하다는 것을 나타낸다.

로스터가 하는 가장 근본적이고 실질적인 행위가 투입온도라고 설명했다. 투입온도는 1차 크랙 온도에 맞추거나 10~20도 정도 높게 세팅하기를 권한다. 이 투입온도가 적정한지를 알아보는 첫 증거가 터닝 포인트라고 할 수 있다. 우리가 믿는 온도계는 그 감도 능력과 위치에 따라서 다르게 표시되는 측면이 있기 때문에 너무 신뢰하거나 의지하지 않기를 권한다. 드럼 온도가 200도로 표시가 되었다고 하더라도 로스팅 시작 전 예열 정도에 따라서 실제 로스터가 받는 온도가 다르다. 첫 배치와 두 번째 배치의 프로파일이 달라지는 것도 같은 이런 이유에서다. 이런 의미에서 터닝포인트는 실제 투입온도보다 로스팅의 경향성을 파악하는데 실용적이다.

터닝포인트가 중요한 두 번째는 터닝포인트에 의해서 총 로스팅 시간이 정해지기 때문이다. 예를 들어 터닝포인트 시간과 온도가 2분에 100℃에서 시작되는 로스팅 프로파일이 있다고 가정해보자. 이 로스터는 200도에 1차 크랙이 발생한다. 이 경우 터닝포인트(2분) 이후에 ROR(분당 온도상승률)이

10이라고 하면, 예측할 수 있는 1차 크랙 시간은 12분이다. 반면에 터닝포인트가 시간과 온도가 1분이고 온도가 130℃인 경우, 터닝포인트(1분) 이후의 ROR이 10이라고 가정했을 경우, 이 경우에는 예상 1차 크랙 시간은 8분이라고 예측할 수 있다. 쉽게 말해 출발선이 다른 것이다. 100m 경주하는데 20m 앞에서 출발하는 것과 동일한 상황인 것이다. 그런 의미에서 터닝포인트는 실제 로스팅의 시작점이고 로스터에게는 로스팅 행위에 있어 액션을 취할 수 있는 최초의 기회인 셈이다.

너무 낮게 형성된 터닝포인트로 인해 목표에 도달하기 위해 강한 화력으로 가게 되면 자칫 콩에 무리가 갈 수 있다. 복구의 범위를 벗어난 터닝포인트의 경우, 심하면 목표점에 도달하지 못할 수 있다. 이럴 경우 내가 원하는 그림을 그리지 못하는 일이 발생한다. 또는 너무 높게 형성된 터닝포인트는 생두 표면이 타는 스코칭이 발생할 확률이 높아진다.

이 경우 너무 높게 형성이 된 온도 탓에 불을 끄거나 줄일 경우 꾸준히 열을 받아야 할 구간의 메인 화력(필자는 옐로우부터 1차까지를 이런 용어로 표현한다)에 꾸준한 공급을 못 하게 되어 배출 시 겉이 미세한 밀가루를 발라 놓은 듯한 외관을 보이는 경우가 있다. 이런 외관을 보일 경우에는 화력을 의심해 볼 필요가 있다. 두 경우 다 좋지 않은 상황이지만 후자(너무 높게 형성되어 프로파일을 그리기 위해 낮은 화력으로 메인 화력을 보내는 경우)가 더 안 좋은 경우라고 하겠다.

적당한 터닝포인트의 시간과 온도를 맞추기 위해서는 투입온도와 더불어 적정량을 드럼 안으로 투입해야 한다. 양이 지나치게 적을 경우에는 높은 온도와 빠른 터닝포인트가 형성된다. 또는 적정량보다 많은 양을 투입했을 경우에는, 반대로 터닝포인트가 낮게 형성이 된다. 이 경우에는 최대화력으로 온도를 가져가도 목표로 하는 시간에 도달하지 못 할 수도 있다. 따라서 적정한 양으로 투입하는 것이 일정한 터닝포인트를 유지하는 비법이다.

터닝포인트를 이해하는데 꼭 알아야 할 부분이 있는데 바로 날씨이다. 겨울철에는 주변 온도가 낮다. 로스터실의 온도도 낮고 만약 바닥이 콘크리트로 되어 있으면 보관된 생두의 온도 역시 낮다. 아무리 풍부한 열원이 있는 로스터라고 할지라도 또는 부족한 열원을 지닌 로스터의 경우에는 터닝포인트가 아주 낮게 형성된다. 이를 극복하기 위해서는 평소보다 예열을

요리로서의 로스팅 1

많이 시켜서 온도계에 표시된 온도보다 로스터 전체가 실질적인 열을 받은 상태에서 로스팅을 시작해야 한다. 터닝포인트를 지난 시점에서도 여름철보다 좀 더 열을 많이 쓰기를 권한다.

터닝포인트가 로스팅의 단초이자 로스팅 전반을 예측하는 중요한 포인트임이 틀림없다. 터닝포인트로 초반의 열을 알 수 있다. 빼앗겨 버리거나 부족한 초반 열은 나중에 복구될 수 없으며 로스팅 전반으로 봤을 때 중요한 요소이다. 하지만 터닝포인트에 너무 집착해서 전체를 보지 못하는 우를 범하지 않았으면 한다. 이것은 나무에 집착해서 숲을 못 보는 것과 같다. 터닝포인트에 집착한 나머지 진짜 중요한 불 조절 시간(메인 화력 시간)에 신경을 못 쓰는 경우가 있다.

20초 정도의 여유를 권하고 싶다. 다시 설명하자면 내 로스터가 바닥에서 벗어나는 시간, 적정한 터닝포인트 시간이 1분 30초라고 한다면 1분 10초~1분 50초의 경우에는 크게 문제될 것이 없다. 제시된 20초라는 숫자 역시 굴레로 작용할지도 모를 일이지만 필자의 경험상 20초 정도의 시간차이면 화력을 크게 조절하지 않으면서도 목표점에 도달할 수 있을 시간이다. ☕

요리로서의 로스팅 1

요리로서의 로스팅 2

찜과 구이, 숫자와 관능

23

로스터의 본질은 요리다. 좀 더 정확하게는 찜과 구이의 경계를 넘나드는 요리다. 요리재료가 준비되었으니 좋은 재료에 걸맞은 요리비법이 필요하다. 이때 로스팅 프로파일은 로스팅을 할 때의 요리 레시피라고 할 수 있는데, 이 로스팅 프로파일을 어떻게 가져가는가에 따라 커피의 성격이 규정된다. 가령 커피를 산미가 있게 만들거나, 달게 만들거나 또는 유통기간을 상대적으로 길게 만들고 싶다거나 진한 커피를 만들고자 하는 것처럼 말이다. 요리사가 같은 재료로 다양하게 요리하듯, 화가가 캔버스에 그림을 그리듯, 로스터도 프로파일을 그리면서 다양하게 커피를 요리한다.

요리로서의 로스팅 2

24

로스팅 프로파일 Roasting Profile

시간에 따른 온도 변화를 그래프로 나타내는 것이 로스팅 프로파일이다.
로스팅 프로파일에 따라 같은 원산지의 커피라도 전혀 다른 커피가 되고,
특징이 강한 커피에 캐릭터를 불어넣을 수도 있다. 로스팅 회사는 프로파일을
통해 더욱더 개성 있는 시그니처 브랜드를 만들 수도 있다. 블렌딩과 더불어
회사의 아이덴티티를 확고하게 할 수 있는 노하우이기 때문에 일반적으로
로스팅 프로파일은 비밀스러움이 묻어 있는 편이다. 무슨 비법처럼 로스팅
프로파일을 공개하지 않는 보수적인 문화를 가진 나라도 있지만, 미국에서는
잡지 등을 통해 경쟁하고 자랑하듯 공개하기도 한다.

10여 년 전만 해도 로스팅 프로파일이 지금처럼 활성화되지 않았다. 당시
로스팅 공장에 방문하면 불 조절을 하거나 배기를 기민하게 조절하기보다는
시계에 알람을 설정해놓고 시간이 되면 불을 끄는 단순한 방식의 로스팅을
했다. 즉, 총시간만으로 커피에 맛을 부여했다. 당시엔 단순한 맛의 커머셜
커피가 주종을 이루었기 때문에 정교한 로스팅 프로파일이 필요 없었을지도
모른다. 짧게 볶으면 커피가 신맛이 되고 오래 볶으면 진해진다는 정도의
포괄적인 개념만 존재했다.

스페셜티 시장이 활성화되고 캐릭터 강한 커피가 등장하고, 로스팅 프로파일
프로그램의 보급이 이루어지면서, 시대의 요구처럼 로스팅 프로파일이
작성됐다. 로스팅 프로파일 연구가 더 활발해지면서, 커피 요리법 레시피가 더
과학적이고 체계적으로 변해가는 추세이다.

시간에 따른 온도 변화인 프로파일을 완벽하게 구현하기 위해서는 첫 시작인
투입온도가 중요하다. 로스터가 로스팅 전 과정을 컨트롤할 수 있는 행위가
바로 투입온도를 맞추는 것이고, 초반 불 세팅이다. 낮은 화력으로 인해 초반에
확보되지 않은 열은 로스팅의 전 과정에서 부족한 상태로 남는다. 적절하고,
완벽하게 화력 조절이 된 경우보다 열 손실이 있는 셈이다. 그러므로 로스터는
충분히 달궈진 프라이팬에 스테이크를 떨구듯이, 빈 캔버스에 첫 붓질을 하는
심정으로 원두를 투입해야 한다.

온도는 온도계의 성능과 꽂혀 있는 위치 그리고 드럼 안으로 들어가 있는 깊이에 따라서도 다르다. 측정하는 범위와 민감도에 따라 온도계 숫자가 다르게 표시되는데, 실제로 오픈형 로스터로 실험을 해보면 로스터에 표시되는 온도와 적외선 온도계로 측정한 온도의 오차가 20℃ 이상 발생하기도 한다. 다시 말해 로스터마다 측정한 온도가 다르니 로스팅 프로파일에 나타나는 온도 값은 절대적인 온도가 아닌 것이다. 즉 로스터마다 각자 개별적인 로스팅 프로파일을 만들어내야 한다. 비교용이 아니라 사용하는 로스터의 고유한 기준, 로스팅 전반에 걸친 참조용이다. 온도계가 측정할 수 없는 범위의 적은 양이거나 예열이 불안한 첫 배치의 경우에는 불안한 프로파일이 그려질 수 있다는 것 또한 염두에 두자. 로스터마다 차이가 있을 수 있지만, 투입 양이 적당했을 경우를 가정하면 첫 번째 배치를 보내고 두세 번째부터 로스팅 프로파일이 안정적으로 그려진다.

로스팅 프로파일 작성 시 주의해야 할 중요 포인트는 본인의 로스터기 성격을 파악하는 것이다. 내 로스터기가 스키인지 또는 타이타닉 같은 큰 유람선인가 하는 점이다. 이 부분은 시간을 두고 다음 편에 다루겠지만 두께가 얇은 양은냄비와 무쇠솥에 비유할 수 있다. 이는 로스터의 물성과 형태에 따른 반응성(열전도율과 보존율) 때문으로, 잔열을 제어하는 브레이킹 능력이라고 할 수도 있다. 이런 느낌을 감각적으로 파악하고 있어야 앞으로의 프로파일을 예상하고 그림을 계속 그려갈 수 있는 것이다. 가령 이중드럼을 사용하는 로스터거나(프로밧, 기센, 오즈트크, 이지스터 등)또는 히트익스체인저(heat exchanger-디드릭 로스터의 드럼 내부에 위치한 골판지 모양의 철판)로 달궈진 대류를 이용하는 안정적인 디드릭 로스터의 경우에는 로스터의 불조절 행위가 2, 3분 후의 결과로 나타난다. 따라서 로스터는 2분 또는 3분 후를 예측해야 한다. 반면 용량이 적은 소형 로스터거나 불에 즉각 즉각 반응하는 얇은 드럼의 로스터는 현재 온도의 페이스를 맞춰서 다음 온도를 예측하면서 그림을 그려나가야 한다.

로스팅 프로파일 작성의 목적 두 번째는 재현(再現)성이다. 요리와 마찬가지로 로스팅 역시 최종적 감각에 의존해야 한다. 하지만 본인이 직접 로스팅을 할 수 없는 경우나 다른 로스터가 로스팅할 경우에도 당연히 같은 맛을 재현해야 한다. 결국, 로스팅 프로파일은 생산에 있어서 맛의 기준이 되고 방향이 되고 최종적인 기록이 된다. 그런데 재현(再現)성이 중요한 로스팅 프로파일이라 할지라도 한계는 존재한다. 간혹 같은 프로파일이지만 다른 맛이 나온다는 고충을 듣게 된다. 결국 기계라는 것이 로스팅하고 있는 원두의 표면만을 측정하기 때문에 원두 내부에서 일어나고 있는 현상까지는 알 수가 없는 것이다. 따라서 온도에 따른 시간 변화, 프로파일 그래프만 볼 것이 아니라 온도와 시간에 따른 원두의 변화, 즉 외관과 냄새를 더욱 주의 깊게 보면서 불 조절을 하라고 제안한다.

과학이 발달하고 모든 변수가 통제된 듯하고 계량화, 수치화가 된다고 하더라도 결국 사람이 하는 것이기 때문에 아무리 큰 설비를 갖춘 로스팅 공장에서도 메인 로스터의 최종 판단으로 배출이 진행된다. 사람의 역할이 가장 중요한 것이다.

로스팅 프로파일 프로그램의 발달로 로스터기에는 드럼온도와 배기온도, 분당온도상승률(Rate of Rise, ROR)이 표시될 뿐만 아니라 자동으로 예측까지 해주기 때문에 로스팅이 편해진 것은 사실이다. 나아가 프로파일이 자동으로 저장되고 그 기록을 쉽게 꺼내 볼 수 있다. 하지만 이것은 보조 편의장치이다. 운전자가 차를 운전할 때 차의 엔진 성능과 브레이크 능력, 핸들 각도 등을 철저하게 계산하는 것이 아니라 체화된 경험으로 운전하듯 화력을 주고 빼는 형태로 로스터가 로스팅을 이어가야 하는 것이다. 프로파일을 기준으로 하되, 너무 의지하여 세세하게 로스팅하는 것은 권하지 않는다. 온도와 숫자에 매몰되는 것을 주의하며 시간과 온도에 따른 콩의 색깔과 향의 변화에 더욱 주목하자. 프로파일을 바탕에 두고 크게 벗어나지 않는 선에서 불 조절을 하는 지혜가 필요하다. 프로파일이 쌓이고 정보가 쌓이는 것만큼 프로파일에 보이지 않는 부분들 그 너머에 있는 감각이 더 중요하다고 생각한다.

흡열반응과 발열반응 endothermic & exothermic

사전적 의미의 흡열반응은 열을 흡수하는 반응이고, 발열반응은 반대로 열을 방출하는 반응이다. 로스팅에서는 이런 사전적 의미에 더해 열을 흡수하지 않거나 열을 공급받지 못하면 반응이 이루어지지 않는다는 의미도 포함되어 있다. 이 부분이 중요하다. 반응을 일으켜서 맛과 향을 재현하는 로스팅의 속성에 비추어 볼 때, 흡열과 발열 반응은 로스팅 입문부터 경험을 쌓는 수준까지도 매우 중요한 요소다. 결국 콩에 열을 효과적으로 전달해서 익히는 것이 주된 목적인 로스팅의 본질상, 이런 흡열과 발열 반응은 중요한 위치를 차지하는 것이다.

사실 개념 자체는 그리 중요하지 않다. 이 개념을 어떻게 로스팅에 적용해서 효율적으로 이용하는지가 중요하다. 흡열반응과 발열반응의 개념을 정의한 여러 의견들이 있는데, 그것들에 대한 소개와 필자의 생각을 정리해보도록 한다.

첫째는 투입부터 1차 크랙까지를 흡열반응, 1차 이후를 발열반응으로 보는 견해다. 로스팅 프로세스에 있어서 생두가 열을 받으며 견디다 못해 처음으로 터지는 현상이 1차 크랙이다. 이때 전 프로세스 중에 가장 많은 가스와 연기 그리고 수분을 배출한다. 1차 크랙 전 불 조절을 안 했을 경우에는 흡수된 열로 인한 관성 때문에 바로 2차 크랙이 올 수 있다. 그렇기 때문에 1차를 전후로 불 조절이 필수라고 할 수 있는데, 1차 크랙 때 방출되는 열에 의해 불을 꺼도 계속 열을 방출하는 현상들에 대해서 발열반응이라고 하는 견해이다.

둘째는 투입부터 옐로우까지를 흡열, 그 이후를 발열반응으로 보는 견해이다. 로스팅을 하다 보면 전 구간에 거쳐서 수분 배출이 발생한다. 3~4분만 로스팅을 해서 꺼내도 물기로 흥건하게 젖어있는 생두를 발견할 수 있는데, 생두 속에 있는 수분이 끓는점에 도달하면 조직을 뚫고 표면 밖으로 나오기 때문이다. 이때 일반적인 드럼 형태의 반열풍식 로스터의 드럼 안은 마치 사우나처럼 수분(수증기)으로 가득 차게 된다. 그리고 이 수증기가 생두에 열을 전달하는 것을 방해하는 것이다. 따라서 같은 양의 불(에너지)을 꾸준하게 공급한다고 하더라도 이 단계에서 온도상승(ROR)이 둔화된다. 이 현상을 관찰하게 되면 자칫 옐로우 단계 이후에 온도상승이 둔화하는 것 때문에 저항 또는 발열반응으로 표현하는 것으로 추측한다.

셋째는 투입부터 2차 크랙까지를 흡열반응, 그 이후를 발열반응으로 보는 견해다. 미국식 표현으로는 2차 크랙을 디펙트로 본다. 주로 2차 크랙 이후에 실제 깨지는 현상이 심해지기 때문에 나름 합리적인 해석이라고 할 수 있다. 일본식(장인이 커피 조직을 달래듯이 볶는) 커피 로스팅이 아닌 일반적인 프로파일로 그리는 로스팅의 경우(15분 내의 빠른 로스팅 불 조절의 경우 2차에 들어가는 것은) 커피가 타게 될 가능성이 높음을 염두에 두고 볶아야 한다. 따라서 미국식 로스팅에서는 2차 전 혹은 2차 초입까지를 온전한 로스팅으로 보는 시각이 많기 때문에 2차 전후를 콩이 열을 받아 화학적 반응을 일으키는 흡열반응으로 인식하는 경향이 있다.

필자는 흡열반응과 발열반응은 생두가 열을 받아들이는 것 또는 열을 받지 않는 것으로 인식한다. 정리하자면 생두가 외부의 열을 흡수하다가 터지는 순간을 제외하고는 흡열반응이라고 본다. 1차나 2차 크랙 같이 조직이 터지거나 깨지는 순간의 열 방출은 발열반응이다. 받아들여지지 않는다는 측면에서의 발열반응으로 인식하는 것이다. 드럼 내에 로스팅되는 원두는 에너지 더미로 되어있다. 한 두 개가 아니라 정어리나 멸치떼처럼 한 덩어리로 인식해야 한다. 원두가 각각 개별적으로 터질지라도 덩어리로 있기 때문에 1차 크랙이 진행되는 시간만큼은 에너지를 받아들이지 못한다. 더 나아가서 블렌딩의 경우에는 여러 원산지의 생두가 각기 다른 1차 크랙의 시간을 갖기 때문에 발열 반응의 시간은 오래 지속할 수도 있다.

적외선 측정에 의한 원두 표면의 ROR값을 측정하는 로스터의 경우 (스트롱홀드 S7 pro x) 1차 크랙 후반부터 원두 표면의 ROR값이 급하게 떨어지고 2차 크랙 전에 다시 급속도로 올라가는 것을 관찰할 수 있다. 원칙적으로 열 공급이 이루어지지 않았을 경우 열을 잃고 떨어지는 개념으로 생각하면 된다. 1차 크랙 후부터 2차 전까지 이 구간은 열 공급이 필요한 흡열 반응 구간인 것이다.

따라서 로스팅 시에 주의해야 할 것과 중요한 포인트는 1차가 끝나는 즉시 원두는 흡열 반응으로 돌아선다는 것이다. 로스터는 이 개념을 머릿속에 두고 불 조절을 해야 한다. 발열반응은 열을 방출하는 구간이라고 인식을 하게 되면, 콩에 불을 주는 행위가 무의미해진다. 또는 콩이 열을 받지 않는다는 인식으로 열 주는 것을 소홀히 했을 경우도 생기게 된다. 이런 커피들은 자칫 밋밋한 커피가 될 확률이 높다.

1차 크랙 전에 불 조절에 실패해서 타버리거나 텁텁한 확률이 생겨날 수도 있다. 또한 1차 크랙과 2차 크랙 사이의 밋밋한 불 조절로 인해 캐릭터가 약한 커피가 나오는 것도 피해야 할 요소이다.

로스터의 본질은 요리다. 찜과 구이의 경계를 넘나드는 요리. 재료에 열을 공급하는 것이다. 요리 중간에 불을 멈추게 되면 요리를 망치는 결과를 낳는다. 1차 크랙과 2차 크랙의 중간을 어떻게 가져가는지에 따라 맛에 많은 변화를 줄 수 있지만, 열 손실로 인해 맛을 잃지 않는 것이 더욱 중요하다. ☕

요리로서의 로스팅 2

완벽한 로스팅을 위한 준비 1
요리 도구인 로스터 파악

장인은 연장을 탓하지 않는다. 가장 좋은 로스터는 지금 현재 자신이 쓰는 로스터이다. 산에서 밥을 짓는 것을 상상해보자. 평지에서 밥을 짓기 위한 가장 좋은 도구는 가마솥이지만, 산에서는 코펠이나 양은냄비가 더 효율적이다. 만약 밥이 잘 익지 않을 경우에는 코펠 위에 돌을 얹어 놓으면 맛있는 밥을 지을 수 있다. 밥을 짓는 노하우가 생긴 것이다. 밥을 잘 짓기 위해서는 우선 자신의 로스터가 가마솥인지 양은냄비인지를 알아야 한다. 그래야 가마솥처럼 밥을 지을 것인지, 코펠로 지을 것인지, 위에 돌을 얹을 것인지 등을 결정한다. 로스터에 따라 표현되는 맛은 다르다. 이 부분 역시 취향의 영역이기 때문에 반드시 어느 로스터가 맛있다고 말할 수 없다. 다만 특정한 맛이 더 잘 부각되는 로스터는 있다. 가령 신맛이 잘 나타나는 로스터가 있다면, 이와는 반대로 단맛이 더 잘 표현되는 로스터도 있다.

완벽한 로스팅을 위한 준비

구리팬, 무쇠팬 또는 스테인리스팬

필자는 커피와 관련된 일을 시작한 초창기 시절, 해외에서 로스터를 수입하는 업무를 도운 경험이 있다. 매뉴얼을 해석해서 한글화 작업을 하고, 경쟁 로스터를 연구한 경험이 로스터의 구조를 이해하는데 도움이 됐다. 코펠과 가마솥의 차이를 이해하는데 많은 도움이 된 것이다.

실제로 요리사는 자신의 요리도구에 엄청나게 많은 돈을 지불한다. 예를 들어, 프랑스 제품인 구리로 된 프라이팬(모비엘 구리팬)과 미국의 무쇠팬(롯지무쇠팬) 그리고 코팅된 프라이팬(테팔 프라이팬)으로 양파 요리를 한다고 가정해보자. 구리팬의 경우 열 전도율이 높아서 짧은 시간에도 열을 받아 금방 달궈진다. 즉, 열 전달율이 좋은 것이다. 반면 두꺼운 무쇠팬의 경우에는 달궈지기까지 오랜 시간이 걸린다. 하지만 일단 열을 받고 달궈지면 시간이 지나도 열이 잘 식지 않는다. 열 보전율이 좋은 것이다. 가정용으로 상용되는 코팅된 팬은 열 전달율이 좋지 않고, 열 보전율도 뛰어나지 않아 표면온도를 높일 때 오래 걸린다. 요리 중 열 손실도 크며 복구하기까지도 많은 시간이 필요하다.

팬이 충분히 달궈진 상태를 100이라는 에너지로 표현한다면, 100의 상태에서 요리의 시작을 위해 양파를 집어넣으면 양파에 의해 열의 손실이 발생한다. 이때 손실된 열은 당연히 양파로 흡수될 것이다. 열 전달율이 좋은 구리팬의 경우, 100의 에너지는 80으로 떨어졌지만 빠르게 표면의 열을 회복해서 꾸준히 양파에 열에너지를 공급할 수 있다. 무쇠팬은 열 보전율이 좋아 100이라는 에너지는 90 이하로 떨어지지 않는다. 구리팬처럼 표면온도를 100으로 유지하지는 못해도 차선책은 될 수 있다.

이를 로스터에 적용시켜 보자. 무쇠 소재 주물 드럼은 열 보전율이 뛰어나다. 열손실이 없어 안정적인 로스팅이 가능하다. '무쇠솥으로 지은 밥이 맛있다'는 식의 마케팅은 비단 우리나라뿐 아니라 세계적으로도 통한다. 예를 들면 커피의 새로운 물결을 선도한 인텔리젠시아도 본인들의 로스터를 '1950년대 주물로 된 독일 슈트트가르트 철을 이용한 로스터(고도로스터)'라고 소개하고,

이를 마케팅 포인트로 활용한다. 도쿄에 기반을 둔 '싱글 오'커피의 경우에도 1950년대 후반 프로밧(UG22)을 리빌트해서 사용하고 있다. 전쟁이 끝난 후 좋은 탱크와 전차에 쓰였던 철들이 산업 전반으로 흘러 들어갔는데, 로스터도 이 산업용 기계 중 하나로 전 세계 로스터들이 그 당시 생산된 로스터를 사려고 노력하고 있으며 자신도 그들 중 하나라는 것이 싱글오 커피 오너의 설명이었다. 사실 철의 순도와 성분에 따른 맛의 상응관계까지는 넌센스라 생각한다. 하지만 그런 신비로움을 믿고 싶은 비밀스러운 욕구가 무쇠솥을 동서고금을 막론하고 미스터리하면서도 매력적인 소재로 만들어 놓았다. 다시 말해 주물드럼의 가장 큰 장점은 열 보전율이 좋아 안정적으로 볶을 수 있다는 점에 있다. 로스팅을 연속으로 진행하며 투입과 배출을 빈번하게 해도 열 손실이 적어 효율적으로 로스팅을 할 수 있다. 반면 느린 거동과 한정적인 조작은 단점이다. 기민하고 즉각적인 손맛을 원하는 로스터는 직화식 로스터나 스테인리스강, 탄소강 소재의 로스터를 선호하기도 한다. 드럼의 소재를 주물로 할 것인지 스테인리스로 할 것인지를 두고는 현재까지도 논란이 있다. 주물은 비싼 제작 비용뿐 아니라 기술적으로도 만들기 힘들다는 것이 일반적인 견해다. 그래서 현실적으로 드럼을 주물로 만들기 힘든 로스터 제작업체들이 드럼의 앞 판에 주물을 덧대는 로스터가 등장하기도 했다.

최근에는 기술과 소재의 발달로 주물에 의존하기보다는 기술적인 메커니즘이 가미된 스테인리스강으로 옮겨가는 추세다. 스테인리스 소재로도 안정적인 로스팅의 철학을 내세우는 대표적인 로스터 브랜드로는 미국의 디드릭이 있다. 앞서 설명했듯 스테인리스강은 열전달율과 열보전율 측면에서 좋은 요리도구를 위한 소재라고 하기에는 부족한 감이 없지 않다. 하지만 디드릭 로스터는 상대적으로 부족한 화력(세라믹 적외선버너 사용)을 설계 메커니즘으로 극복하고 있다. 디드릭 로스터의 원적외선 버너는 드럼 가까이에서 드럼에 열을 전달함과 동시에 로스터 내부에 설치된 골판지 모양의 히트익스체인저를 달구고, 그 공기가 드럼 내부 천장에 쌓이게 된다. 그 대류가 드럼안으로 유입되어 부족한 화력을 보완하고 이로써 안정적인 로스팅이 가능해진다. 열을 풍부하게 활용하면서 배기를 조절해 즉각 반응시키는 로스터가 아닌 한 덩어리가 꾸준하게 안정적으로 로스팅을 하는

완벽한 로스팅을 위한 준비

스타일이다.

이처럼 로스터의 성능과 특성을 프라이팬처럼 단순한 금속 소재로만 구분하고
설명하기에는 무리가 있다. 실제로 여러 메커니즘이 로스터 안에 존재한다.
교반 날개의 형태나 동작 방향, 드럼(rpm)속도, 배기의 흐름 등 단순 소재와
더불어 염두해야 할 것이 많다. 그럼에도 로스터의 핵심인 화력과 더불어
드럼의 소재는 로스팅에서 큰 비중을 차지하는 요소인 것은 틀림없다.

로스팅을 하는 이는 마치 셰프가 자신의 프라이팬과 각종 도구에 열정적인
관심을 가지는 것처럼 로스터를 대해야 한다. 자신이 사용하는 로스터의
특징과 작동 원리를 파악하고 연구해야 한다. 그리고 자신이 지금 사용하는
로스터가 최고의 로스터라는 것을 항상 기억하고 최고의 커피요리사가 되어야
한다.

28

요리의 핵심 열전달 방법 (전도, 대류, 복사) : 에어프라이어 또는 프라이팬

프라이팬과 에어프라이어로 조리된 음식 맛에는 차이가 있다. 사용하는 열이 다르기 때문이다. 열원은 에너지의 근원, 즉 불이다. 에너지(열)의 전달방법은 전도, 대류, 복사다. 쉽게 설명하면 전도는 접촉에 의한 열 전달, 복사는 접촉은 아니어도 뜨거운 열원 주변에서 전해지는 열 전달, 대류는 뜨거운 바람에 의한 열 전달이다.

로스팅에 있어도 효율적인 열 전달은 필수이다. 이 개념을 이해하고 있어야 고급수준의 로스팅이 가능하다. 또한 로스팅 전반에 나타나는 디펙트에 대해서도 대처할 수 있다. 어려운 개념 같지만 단순하다. 우리는 이에 대한 개념을 이해하지는 못하더라도 일상 생활에서 이미 이 세 가지 방법들에 대해 이해는 물론 효율적으로 사용하기까지 한다. 석유난로를 가정해보자. 석유난로 위에는 주전자가 있고, 곁에는 사람이 있다. 난로가 뜨겁게 달궈져 있기 때문에 사람은 난로 옆에서 불을 쬐고 있다. 이 상황에서 석유난로 위에 달구어진 주전자는 전도열을 받는다. 주변에 있는 사람은 복사열을 이용한다. 또 뜨거워진 공기를 송풍장치를 달아 활용한다면 대류열을 또한 쓰는 것이다. 경험을 통해 우리는 난로 위에 가래떡을 올려놓으면 쉽게 탄다는 것을 알고 있다. 그렇기 때문에 난로에 석쇠를 얹고 그 위에 가래떡을 놓는다. 자연스럽게 곁이 타는 전도열보다 복사열을 이용하고 있는 것이다.

이 개념을 로스터에 적용시켜보자. 팝콘을 만드는 팝페리(미국산 팝콘기계, popery) 같은 소형 에어 로스터나 Fluid bed 형태의 에어 로스터의 경우에는 에너지원이 뜨거운 바람이다. 대형 로스터가 에어 로스터(대류를 열원으로 쓰는)의 형태를 채택하는 이유는 드럼으로 볶을 수 있는 원두의 양에는 한계가 있기 때문이다. 자칫하면 겉이 타버릴 수 있기 때문에 공중으로 날려 구석구석 익히려는 것이다.

가스를 에너지원으로 사용하는 로스터의 경우 가스불이 열원이다. 가스불에 달궈진 드럼은 콩에 열을 전달해주는 열전도 매체이다. 드럼 안에 콩을 섞어주는 교반날개는 음식물을 프라이팬에 볶을 때 타지 않게 저어주는

주걱이다. 교반날개가 주걱의 생두를 섞어주는 역할도 하지만 선풍기나 환풍기처럼 공기를 밀거나 빨아들이는 역할도 한다. 교반날개가 회전하면 타공이 된 드럼 후면에서 유입된 공기가 드럼을 통과한 후 배기관, 연통을 타고 밖으로 배출되는 구조이다.

안정적이고 품질이 좋은 로스터일수록 정교하게 고안된 교반 날개와 비교적 빠른 드럼스피드를 가지고 있다. 이런 로스터의 윈도우를 통해 본 생두는 드럼에 붙지 않고 공중에 떠다니는 것처럼 보인다. 이러한 현상만 보고 자칫 열풍 로스터라고 구분하는 경우도 있지만, 달궈진 주물 드럼형태에서 나오는 전도 복사열의 영향을 받는다면 반 열풍의 범주에 넣는 것이 더 합리적인 구분법일 수도 있다.

로스팅 단계에서 처음은 전도열을 쓰는 것이 효율적이고 후반부에는 대류열을 쓰는 것이 효율적이다. 가령 날씨가 추울 때 집어드는 핫팩의 경우에는 즉각적인 열전달이 이루어져서 열기가 전달된다. 전도열을 사용하는 것이다. 하지만 시간이 지나면 더 이상 온도가 올라가지 않는다. 더욱 많은 온기를 원한다면 온풍기 앞으로 몸을 옮기는 것이 현명한 방법이다. 언젠가 전기로스터를 제작하는 관계자 분과 대화할 기회가 있었다. 대형 라인으로 전기 로스터를 만들 계획은 없는지 질문을 했는데, '대형 라인은 대류열을 사용해야 한다'라는 의미심장한 답변이 돌아왔던 것으로 기억한다. 이처럼 용량과 활용 용도에 따라서 쓰는 열전달 방법을 달리하게 된다.

개념을 이해하지 못하더라도 드럼형 로스터는 우리의 의도와 상관없이 로스터 스스로가 전도복사 대류열을 쓰게 된다. 로스팅 전반에 걸친 디펙트와 맛을 이해하기 위해서 이러한 개념의 이해가 필요하다. 전도열에 의한 디펙트는 로스팅 초반에 일어나는 스코칭이 있다. 원두의 겉면이 타는 현상이다. 이는 드럼스피드가 너무 빠른 탓에 생두가 드럼에 붙어서 발생할 수 있다. 쥐불놀이를 할 때 깡통을 철사에 꿰어 돌리게 되면 원심력에 의해 불이 날아가지 않고 깡통에 붙어있는 것과 같은 논리로, 빠른 드럼 스피드에 의해 생두가 드럼에 붙어서 타는 현상이다. 물론 이는 기계적인 결함에 해당하는 부분이라 흔하지는 않다. 일반적으로 스코칭이 발생하는 경우는 강력한 초반 화력에 기인하고, 비슷한 개념으로 용량에 비해 적은 양을 로스팅했을 경우에도 나타난다. 투입되는 생두의 양이 적으면 드럼 내 에너지에 의해 수분을 빨리 빼앗겨 탈 확률이 높아지기 때문인데, 적은 양의 생두는 드럼과 접촉하는 빈도수도 많아 생두량이 많을 경우보다 커피가 과도한 열을 받아 스코칭이 일어난다.

대류열에 의해 나타나는 디팩트중에는 치핑이라는 것이 있다. 표면이 둥그렇게 파이는 현상으로, 대류열을 쓰는 후반부, 즉 1차와 2차 사이에서 흔히 나타난다. 1차 크랙 때는 가스(이산화탄소)와 연기를 배출하기 위해 댐퍼를 완전 개방하는 경우가 생각보다 흔하다. 이러한 실수는 오랫동안 로스팅을 해온 중견 로스터에게서도 발견되곤 하는데, 대류의 개념을 이해하지 못 하는 데서 오는 실수라고 할 수 있다. 완전히 개방된 댐퍼는 느낌상 커피에 클린컵을 줄 것 같은 착각을 불러 일으킨다. 사실상 열린 배기로 계속 로스팅을 진행하면 화력이 조금만 높아도 과도한 대류열을 불러온다. 대류열은 우리가 생각하는 것보다 강력하다. 이런 강력한 배기는 생두의 표면을 스치면서 1차 크랙으로 인해 조직이 연해진 생두의 표면에 수많은 상처를 주고 심할 경우 둥그렇게 파이는 치핑을 만들게 된다.

피부전문가 인터뷰를 본적이 있다. 그분은 피부가 좋지 않았다. 주변에서 피부가 그렇게 좋지 않는데 어떻게 전문가가 됐냐는 질문에 돌아오는 대답은 간단했다. 피부가 좋지 않기 때문이라는 것이다. 피부가 좋지 않아서 고민을 많이 했고 피부가 좋아지기 위해서 이것저것 알아봤다는 것이다. 로스터도 다를 바가 없다.

가끔 배기가 중요하지 않다고 말하는 로스터가 있다. 배기는 다른 의미의 대류이다. 그런 사람은 십중팔구 배기 세팅이 잘된 좋은 로스터를 사용하는 케이스다. 배기 조절이 필요하지 않은 또는 조절을 못하게 강제로 맞춰 둔 로스터. 배기에 따른 편차가 없는 로스터라서 고민을 하지 않았고, 그래서 배기가 로스팅에 미치는 영향이 미비하다는 결과를 내놓은 것이다.

배기(대류)는 로스팅 전 과정에서 매우 중요하다. 막힌 배기는 텁텁한 커피 또는 쓴 커피로 인도한다. 너무 잘된 배기는 커피가 구워지면서 마르게 한다. 배기가 널뛰듯이 왔다갔다하는 로스터를 사용하면서 고생을 해야한다는 의미가 아니다. 기후에 따라 변하는 불안정한 배기는 로스터에게 엄청난 스트레스를 불러 일으키지만, 역설적으로 배기를 만질 수 있는 능력이 있다면, 잘 조절된 배기는 훌륭하고 수준 높은 로스팅 실력으로 이어질 것이다. 강한

완벽한 로스팅을 위한 준비

화력과 배기능력이 좋은 로스터에서는 뽑아내기 힘든 맛의 영역도 표현해 낼 수도 있고 촉촉한 다크로스팅도 만들 수 있다.

전도 대류 복사에 의한 맛의 차이를 이해해야 한다. 자신의 로스터가 전도, 대류, 복사열을 어느 수준으로 활용하고 있는지 또한 파악해야 한다.

결론적으로 로스터의 특성을 파악하는 것이 로스터의 의무이다.

에어프라이기를 선택할 것인지 프라이팬을 선택할 것인지처럼.

에어프라이기에 돌린 만두의 표면은 보통 말라있다. 반면 프라이팬에 물을 넣고 구운 만두는 상대적으로 촉촉하다. 선택은 요리사의 몫이다. 버튼 하나로 끝나는 편리한 에어프라이어냐, 손이 많이 가고 번거롭지만 식감이 표현되는 프라이팬이냐? 선택은 로스터의 몫이다. ☕

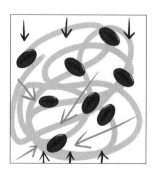

반열풍 로스터의 열전달

▬▬▬	전도 복사열
▬▬▬	대류
▬▬▬	수분

완벽한 로스팅을 위한 준비

완벽한 로스팅을 위한 준비 2
온도계의 속사정과 로스터구조 파악

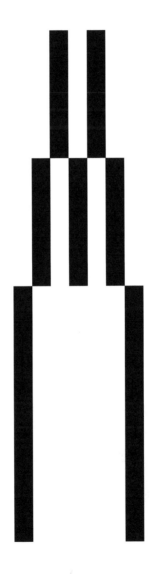

오븐에 온도계가 있듯이 로스터에도 드럼 앞판 또는 배기관에 온도계가 붙어있다. 이 온도계를 이용해 로스팅 프로파일을 완성한다. 로스팅 프로파일을 작성하기 위해서는 빈온도(Bean temperature), 내부온도(internal temperature), 배기온도(Air temperature), 드럼온도(drum temperature)에 대한 이해가 필요하다.

조리 도구의 재질에 따른 맛의 차이와 사용하는 열의 방식에 따른 조리법에 대해서는 지난 회에 다루었다. 형태는 비슷하게 생긴 조리도구라도 구조적인 차이에 의해서 맛의 차이가 있을 수 있다는 것을 인지하고 로스팅에 임하자.

로스팅의 다양한 온도들 :

빈온도, 내부온도, 배기온도, 드럼온도 그리고 그 이면

로스팅 프로파일을 작성하기 위해서는 빈온도(Bean temperature), 내부온도
(internal temperature), 배기온도(Air temperature), 드럼온도(drum temperature)
에 대한 이해가 필요하다. 로스터의 온도는 위치에 따라 일반적으로
배기온도와 드럼온도 크게 2가지로 나뉜다. 하지만 온도계의 타입에 따라서
측정 범위와 민감성에 의해 다르게 감지될 수도 있다. 예를 들어 노후된
온도계를 교체했는데, 1차 크랙의 온도가 200℃에서 160℃로 바뀌는 경우도
생긴다. 온도계의 위치를 드럼 안쪽으로 좀 더 깊게 두었더니, 1차 크랙
온도에 변화가 생겼다. 온도계에는 167℃로 표기되는데 실제 적외선으로
측정하면 200℃로 나타나는 경우도 있다. 온도계의 성능과 측정범위에 따라
차이가 생기는 것이다.
초창기 로스터의 경우에는 드럼에서 배출되는 배기온도를 측정했다. 하지만
좀더 기민하고 정교한 프로파일을 작성하기 위해 빈온도를 재기 시작했고,
로스터 여기저기에 온도계를 붙이기도 했다. 드럼 안에 있는 실제 생두의
온도를 재는 것이 빈온도이다. 로스팅 프로파일 작성에서 가장 중요한 것이
실제 콩온도 또는 빈온도이다. 빈온도를 재는 온도계는 로스터 전면부의
중앙이나 하단부에 있는데, 내부로 들어가서 내부 온도를 측정한다. 생두가
중력에 가장 많이 쏠리는 부근에 위치하는 것이 합리적인 빈온도
측정방법이다.
빈온도는 교반 날개에 의해 드럼내에서 원두가 섞이는 과정에서 실제로
온도계의 센서를 스치면서 측정된다. 온도계는 드럼 안에 있는 원두의 표면
온도만을 측정하는 것이다. 이때 원두 표면과 내부의 온도 차이가 생기기
때문에 원두의 내부온도가 아닌 표면을 체크한다는 것을 이해하면서 빈온도를
기준으로 로스팅을 해야한다. 너무 적은 양이 들어가서 온도계가 콩의 표면을
놓치는 경우(로스터 설계자의 시뮬레이션에 의하면 30% 이하)를 제외하고는
실제 콩의 표면온도를 측정한다. 만약 적은 양을 투입했을 경우, 프로파일이

정상적으로 그려진다면 빈온도는 적절하게 측정되고 있다고 봐도 무방하다. 이렇듯 빈온도가 올라간다는 것은 실제 콩이 열을 받고 있는 것을 의미하고, 빈온도가 떨어진다는 것은 로스터가 콩에 열을 주지 못한다는 것을 의미한다. 로스팅 전 과정 중, 빈이 열을 받아야 한다는 측면에서의 빈온도 하락은 일종의 경고의 사인이기 때문에 주의해야 한다.

내부온도란, 드럼 내의 순수한 대기온도 또는 피일(Pile)온도를 의미한다. 생두 투입 전 드럼 내부의 온도를 의미하고 또는 빈온도가 측정하지 못하는 영역을 의미한다. 배기온도는 로스터의 드럼에서 배기관 쪽으로 나가는 에어(air) 즉 대기의 온도를 측정하는 것이다. 배기관 중앙에 위치하지만, 주로 생두가 투입되기 전에 담긴 깔대기 모양의 틀 아래에 위치한다. 하지만 배기온도도 온도계가 어느 위치에 놓이느냐에 따라 10℃ 이상의 온도 편차를 보인다는 것이 로스터 제작사 측의 설명이다.

배기온도는 실제 드럼내의 순환과 내부온도의 변화를 보여준다는 점에서 중요하지만, 아티산 같은 프로그램이 활성화되지 않았던 과거에 배기온도는 빈온도를 보조하는 역할이었다. 예를 들어 평소 빈온도와 배기온도가 일정한 차이를 보이던 로스터가 있는데 갑자기 그 차이가 변했다면 배기의 흐름을 의심해야 한다. 또 온도의 변화가 평소와 다르게 늦어지면 배기청소를 하면서 배기부근을 점검해야 한다.

통상적으로는 높은 수준의 배기온도가 빈온도를 끌어올리는 듯한 로스팅 프로파일이 이상적인 형태로, 투입되는 열과 함께 배출되는 열도 안정이면 그 자체로 안정적인 로스팅이라고 할 수 있다. 실제로 열이 빈에 흡수되고 남는 열이 밖으로 배출된다고 볼 수 있지만 배기온도가 낮게 형성된다면 로스팅 중간에 열 손실을 점검해 봐야 한다.

대체로 용량이 큰 로스터일수록 안정적인 로스팅을 보인다. 12kg 용량의 로스터가 1kg 용량의 로스터보다는 안정적인 로스팅이 가능하다. 5kg 용량의 로스터에 4kg를 넣었을 때가 1kg를 넣었을 때보다 대기의 흐름이 안정적이다. 적은 용량의 로스터의 경우 배기온도가 불안하고 그 편차 또한 크다.

배기온도는 순간순간 스치는 공기의 흐름으로 측정되기 때문이다. 적은 용량의 로스터의 경우, 배기온도가 빈온도를 역전하는 빈도도 높다. 앞서 설명한 것처럼 끓고 있는 작은 주전자에서 물 한 컵을 덜어내고 찬물을 채워

넣었을 때 물 온도에 큰 변화가 생기듯이 작은 용량의 드럼의 경우에도 열 손실이 크기 때문에 배기온도에 큰 영향을 미친다고 봐야 한다.

따라서 적은 용량의 로스터로 로스팅을 할 경우, 배기가 빈온도를 역전하는 프로파일에 대해 지나치게 큰 의미를 두는 것은 바람직하지 않다. 로스터에 큰 스트레스만 주게 된다. 이러한 역전현상은 1차 크랙 전후로 많이 나타나는데, 1차 크랙을 기준으로 불을 많이 줄이기 때문이다. 이는 드럼이 흡수하는 열량보다 배기로 빼앗기는 열량의 차이로 이해하면 된다. 상대적으로 높은 배기 온도가 빈온도를 끌어올리는 형태, 또는 빈온도는 배기 온도를 쫓아가는 형태로 로스팅을 하는 것이 이상적이지만, 이 부분에만 너무 몰입하다 보면 전체적인 로스팅 프로파일을 놓치게 된다. 온도보다 실제로 빈이 열을 받는지 받지 않는지가 중요하다.

드럼 온도는 실제로 버너로부터 열을 흡수하는 드럼의 온도를 의미한다. 열원으로서의 온도이고, 측정하기가 어렵다. 높은 드럼온도는 드럼내부에 대류열을 형성하고, 배기관을 통해 순환된다. 드럼온도, 내부온도, 콩온도, 배기온도 순으로 순환한다고 보면 된다. 드럼온도가 뜨겁고 안정적인 경우에는 내부온도와 콩온도도 안정적이고, 자연스럽게 배기온도도 안정적이다.

지금까지 여러 온도를 살펴보았다. 정리하자면 로스팅은 드럼에서 나오는 열이 콩에 전달되고 배기가 되는 시스템이다. 하지만 같은 프로파일이어도 다른 결과물이 나오는 이유는 실제 콩이 열을 흡수했는지의 여부와 콩의 내·외부온도의 차이 때문이다.

온도계는 단순히 피상적인 내용만 나타내고 있음에도 불구하고, 콩은 온도에 이르면 반응한다. 실제로 콩이 열을 잘 받고 있는지를 온도계를 통해 짐작만 하는 것보다 샘플봉을 꺼내서 봐야 한다. 콩의 물성과 기후변화에 따라서 온도에 따른 콩의 변화를 파악하고 있어야 한다. 같은 온도에서 다르게 반응하는 콩의 상태를 기억하고 많은 데이터를 가지고 실전에 임해야 한다. 온도계를 맹신하지 않는 것, 스몰 로스터에게 매우 중요한 대목이다.

31

로스터의 여러형태들 : 드럼형 직화, 반열풍, 열풍로스터

조리도구의 재질에 따른 맛의 차이와 사용하는 열의 방식에 따른 조리법에 대해 앞에서 다루었다. 형태는 비슷하게 생긴 조리도구라도 구조적인 차이에 의해서 맛의 차이가 있을 수 있다. Fluid bed식의 에어로스터를 제외하고, 드럼형 로스터의 경우에는 외관으로만 봤을 때 구별하기 힘들다. 직화, 반열풍, 열풍을 구별하기 위해서는 드럼의 형태에 따른 개념정리가 필요하다.

직화와 반열풍은 구조적으로 비슷한 형태를 지니고 있다. 이 둘을 구별하기 위해서는 드럼의 구조를 살펴 봐야하는데, 드럼에 구멍이 뚫려 있는 타공형이면 직화, 구멍이 없는 밀폐형이면 반열풍식이다.

숯불을 이용해 직화로 굽는 스테이크를 상상해 보자. 숯불 위에 놓인 불판이 듬성듬성 성기면 불이 요리 재료에 직접적으로 닿는다. 구멍이 없는 형태이면 불은 요리재료에 직접 닿지 않고 오로지 달궈진 불판의 열기에 의해 익게 된다. 성긴 불판은 직화이고 구멍이 없는 형태는 반열풍이라고 생각하면 된다. 이러한 형태가 로스터에도 적용되는데, 실제로 불맛을 강조하기 위해 숯불을 이용하여 로스팅을 할 수 있게 고안된 로스터도 존재한다.

직화식 로스터에서 드럼 밑에 위치한 버너의 불은 미세한 구멍을 통과해서 직접 생두에 닿는다. 드럼에 의한 전도 복사열을 가장 잘 활용하는 로스터라고 할 수 있다. 일본의 후지로얄(Fuji Royal) 로스터가 대표적인 직화식 로스터라고 할 수 있다. 후지로얄에 비해 구멍이 상대적으로 큰 로스터도 등장했지만 직화식 로스터는 구멍크기와 상관없이 드럼에 뚫린 구멍의 유무, 불이 직접 생두에 닿는지 닿지 않는지를 판단의 기준으로 본다. 불이 콩에 직접적으로 닿더라도 드럼에 적절한 rpm 속도만 조절된다면 콩이 타는 염려로부터는 자유로울 수 있지만, 구조적인 특성으로 인해 반열풍보다 스코칭처럼 타는 것에 취약하다고 할 수 있다.

열풍식 로스터는 용어에서 알 수 있듯이 로스터에서 발생하는 제트기류 같은 뜨거운 공기, 즉 대류열이 드럼 내부로 유입되어 생두를 골고루 익히는 방식이다. 열풍으로 익히기 위해서는 드럼내 생두를 공중에 띄우는 작업이

필요한데, 잘 설계된 교반 날개와 적절한 드럼 회전 속도(RPM)가 생두를 드럼안에서 날아다니게 한다. 생두가 직접 열에 닿는 직화식이나, 달구어진 드럼에서 나오는 전도 복사열을 이용한 반열풍식 로스터보다는 비교적 스코칭 같은 디펙트로부터 자유롭다. 대류의 흐름에 의해 공중에 떠서 스치듯 열기가 통과하는 방식이기 때문에 좀더 균일하게 밝게 볶아지는 이점이 있다. 하지만 커피는 만드는 사람의 취향이 절대적이다. 필자가 경험한 열풍식 커피는 일반적으로(대류를 주 열원으로 이용하다 보니 수분배출이 용이해서 드라이해짐) 점성이 있거나 찰진 느낌의 커피를 추구하거나 다크 로스팅을 주로 하는 로스터에게는 어울리지 않을 수도 있다.

현재는 스페셜티의 흐름에 중배전(미디엄) 약배전(라이트)이 유행하는 시대적인 분위기 때문인지, 비율적으로는 직화식보다는 반열풍이나 열풍식 로스터를 선호하는 것 같다. 하지만 익숙한 로스터의 손맛에서 이뤄낸 직화식 강배전(다크 로스팅)은 형용할 수 없는 깊은 맛을 선사한다. 이것 역시 취향의 부분이다.

개인적인 의견은 맛과 향이 상호작용을 하는 부분이 존재하지만, 경험적으로 말하자면 직화식 로스터는 맛을 강조하거나 특색을 부여하기에 유리한 경향을 보이고, 반열풍은(댐퍼조절이 용이해서 대류를 잘 잡아낼 수 있는) 향을 강조하기에 유리한 부분이 있다. 이는 직화식이 구조상(드럼에 있는 구멍이 큰 경우 특히) 수분을 이용해 찌는 형태의 요리법보다는 굽는 형태의 요리법에 가깝기 때문으로, 댐퍼를 이용해서 수분을 가두거나 하지 않고 열린 배기에 의해 자연스럽게 구워지기에 그렇다. 직화식 로스터는 또 드럼에 구멍이 없는 반열풍 로스터보다 대류의 흐름이 일방적이지 않고 사방으로 날리는 경향도 보이기 때문에 향을 잡기가 어렵다. 향을 잡기 위해선 강한 열이 필요한데, 배기와 수분을 모두 잡고 불을 강하게 줘서 강하게 로스팅 하는 것을 권한다. ☕

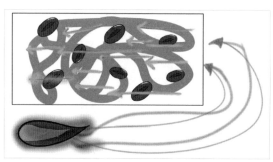

열풍식 로스터의 열전달

대류열 ————

수분 ————

완벽한 로스팅을 위한 준비 2

H

완벽한 로스팅을 위한 준비 3
실전로스팅에서의 화력조절

32

로스팅 시 화력조절은 원두의 품질을 결정하는 가장 중요한 요소 중 하나이다. 일반적으로 로스터기는 즉각 공급되는 열을 이용해 로스팅을 하는 초소형 샘플로스터부터 로스터 내부의 드럼과 로스터 본체가 흡수한 열을 이용해 진득하게 로스팅을 하는 것까지 다양하다. 로스터기의 용량과 방식은 스키와 거대한 타이타닉 범선의 회전반경 차이로 비유할 수 있다.

33

화력조절과 메인화력 그리고 불잡힘 현상

화력조절이란 로스팅의 불 조절을 의미한다. 화력조절을 통해 총 시간을
결정하고, 프로파일을 완성한다. 이를 통해 원두의 맛을 부여하면서 개성이
강한 커피를 만들어 낸다. 하지만 잘못된 화력조절은 커피를 텁텁하게
만들거나 밋밋하게 만들 수도 있다. 화력을 조절하기 위해서는 먼저
로스터기의 성질에 대한 이해가 필요하다.

회사에 소속된 메인 로스터가 이직을 하게 되어 다른 기종으로 로스팅을 해야
할 때 어려움을 겪는 이유 역시 로스터기의 성질과 특징을 파악하지 못했기
때문이다. 예를 들어 직화식 로스터기를 사용하다가 이중드럼 로스터기를
사용하는 경우, 즉각적으로 반응하는 직화식 로스터기에 비해 주물 이중드럼
로스터기의 반응속도는 늦다. 이를 염두에 두고 다르게 불 조절을 해야
하는데, 전에 사용하는 로스터기와 같은 방식으로 불 조절을 하면 열을 잡지
못해서 로스팅을 망치게 된다. 이 경우에는 미리 불을 조절해두고 결과 또한
예측하고 있어야 한다. 앞서 설명한 열 전도율과 보존율을 다시 기억하자.
열 보존율이 좋은 주물 드럼 로스터기는 보존된 열에 의해 안정적이고
지속적인 열원이 되거나, 멈출 수 없는 폭주기관차 같은 열 덩어리가 될 수도
있는 양면성이 존재한다. 거동이 느려서 불이 꺼진 상태에도 계속 진행이
되어버린다. 마치 빙하를 보고도 피하지 못하는 타이타닉처럼 우리도 타
들어가는 콩을 그저 바라봐야만 하는 비극은 일어나지 않기를 희망한다.
반면 스테인리스 소재의 얇은 드럼으로 이루어진 소형 로스터기의 경우에는
시간에 따른 열의 손실 위험이 있다. 불안정한 로스터기 경우에는 더 자주
그리고 주의 깊게 불 조절을 해야 한다. 예민한 로스터기인 만큼 계절에 따른
기온 차에도 민감하다는 것을 염두에 두고 찬바람이 불기 시작하면 마음의
준비를 하고 대처해야 한다. 하지만 예민하게 반응하는 만큼 정교하고 기민한
불 조절이 가능하다는 장점이 있다. 비유하자면 높은 산 위에서 깃발을
요리조리 피해서 내려오는 스키와 같다.

본인의 로스터기가 열 보존율이 좋은 주물 드럼로스터인 경우, 앞서 설명한 것처럼 미리 예측을 하고 움직여야 한다. 지금의 액션이 2~3분 후의 결과로 나타난다는 개념으로 로스팅을 진행해야 한다. 브레이크 성능이 둔감한 트럭을 운전한다는 마음으로 로스팅을 하는 것을 추천한다. 불을 꺼도 여전히 부글부글 끓고 있는 뚝배기와 팔팔 끓다가도 불을 끔과 동시에 잠잠해지는 양은냄비의 차이는 로스터기가 가지고 있는 잔열 때문이다. 잔열은 지속적인 열을 공급해주고 열의 공급중단을 저지하는 이중적인 역할을 한다. 잔열을 차에 비유하자면 급 브레이크를 밟았을 때의 제동거리를 의미한다. 짐을 많이 실은 트럭의 제동거리가 거동이 날렵한 스포츠카보다 길 것이다. 마찬가지로 로스터기에서도 용량이 작은 로스터기보다 용량이 큰 로스터기가 제어가 힘들고 제동거리가 길다. 로스터기는 달리는 것도 중요하지만 멈춰 세우는 것도 항상 준비하고 있어야 한다. 엑셀을 밟아도 늦게 출발하는 차가 브레이크를 밟아도 밀린다는 개념을 머리 속에 넣어두고 항상 기억해야 한다. 불이 더 이상 안 올라가고 통제되는 현상을 필자는 불잡힘 현상이라고 칭한다. 시간으로 환산했을 때, 불잡힘 현상까지 걸리는 시간을 제동시간이라고 칭하겠다.

필자가 인식하는 시간은 로스터 용량과 화력과 재질을 감안했을 때 30초에서 3분이다. 이를 기준으로 10분에 1차 크랙을 오게 하기 위해 로스팅 프로파일을 계획한다고 가정해보자. 1차 크랙과 2차 크랙 사이에 텀을 주고 싶어 1차 크랙에 멈춰 세우고 싶다. 양은냄비같이 잔열을 보존할 수 없고 용량이 적은 로스터의 경우에는 1차 크랙이 들어가기 30초 전, 즉 9분 30초에 불을 꺼줘도 브레이킹이 된다. 이 경우에는 불잡힘 현상(온도가 1차 크랙 후에 올라가지 않는 현상)이 생겨 1차 크랙과 2차 크랙 사이에도 불을 조절하는 여유가 생기지만, 뚝배기와 같은 이중드럼 로스터의 경우에는 7분 30초나 8분 사이에 불을 조절해야 10분에 멈춰 세울 수 있는 것이다.

필자가 오랫동안 사용했던 화력조절을 1℃ 올라가는 초로 계산해왔다. 로스팅 프로파일 프로그램의 발달로 ROR(분당 온도 상승율)값에 따른 예상 로스팅 프로파일을 미리 볼 수 있기 때문에 로스팅이 수월해졌다. 초 시계를 사용하거나 마음속에 시계를 만들어서 빈 온도가 1℃ 올라가는데 걸리는 시간을 측정하는 것이다. 이것은 순간적인 콩의 열 흡수를 판단할 수 있는 중요한 팁이다. 예를 들어 4분에 140℃인 로스터기가 141℃가 되는데 6초가 걸렸다고 하면, 1분 후에는 150℃가 되는 것이다. ROR이 10℃인 것이다. 이렇게 1℃를 벗어나는 온도가 6초보다 빠르면 ROR은 10 이상이 되고, 6초보다 느리면 10 이하가 된다.

불 조절에 대한 개념을 이해했다면 실제 로스팅에서 중요하게 다루어야 할 것들에 대해 말해보자.

34

첫째, 안정적이고 지속적인 열 공급

여기서 열 공급이라고 하면 실제 콩에 전달되고 적용되는 열 공급이다. 중간에 열 손실이 있으면 안 된다. 로스팅 프로파일 그래프가 떨어지면 안 된다. 1차 크랙과 2차 크랙을 제외하고 콩은 열을 꾸준하게 공급받아야 하며, 중간에 열 손실에 인해 빈 온도가 내려가는 일 없이 우상향 곡선의 프로파일이 그려져야 한다. 여기서 중요한 것은 로스터기가 과열되어 로스팅 시작 때 불을 약하게 시작하거나 끄고 시작하는 경우를 제외하고, 터닝포인트부터 1차 크랙까지 불을 끄는 것을 권하지 않는다. 불을 꺼도 프로파일 그래프 상에서는 온도가 올라가는 것처럼 보이지만(로스터에 설치된 온도계는 표면온도만을 표시) 실제 콩이 열을 받지 않는 경우가 있어 콩이 충분히 반응하거나 발현하지 않는 경우가 생기기 때문이다.

둘째, 메인화력

특별히 안정적으로 콩이 열을 받아야 할 구간이 있는데 그 부근은 옐로우부터
1차 크랙 전 구간이다. 이 구간을 필자는 메인화력이라고 칭한다. 맛의 뼈대를
이루는 중요한 부근이고 이 부근에서 콩에 여러 화학적인 변화가 일어날
것으로 예측한다. 메인 화력은 최대화력의 60% 이상으로 꾸준하게 안정적인
화력이 들어갈 수 있게 화력 조절을 세팅할 것을 권한다.
메인화력에 열 공급이 적절하게 이루어지지 않았을 경우에는 수분 배출이
원활하게 이루어지지 않아 결과적으로 원두의 외관이 미세한 분말이 덮여
있는 듯한 모습을 보이고, 맛 또한 엉겨 붙어있는 탁한 맛이 난다. 메인 화력은
수분 배출 측면에서 배기와 함께 다루어져야 할 중요한 부분이다. 가령 옷을
말릴 때 방바닥을 뜨겁게 해주고 선풍기를 틀어주면 빨래가 빨리 마르는
것처럼 방바닥은 메인 화력이고, 선풍기는 배기인 셈이다. 수분배출을
일으키는 원동력은 메인 화력이다.

셋째, 적당량 투입

예열의 과열이나 높은 초기 화력, 또는 적정용량보다 적은 양의 생두를
투입하는 등의 경우에는 급격한 온도상승이 발생한다. 프로파일을 맞추기
위해 불을 급하게 줄이게 되고, 정작 화력을 주어야 할 메인화력 구간에 충분한
열을 공급하지 못하는 실수를 범하게 되는 것이다. 이 경우에는 열이 모자라서
1차 크랙에 진입할 때도 소리가 조용하다. 당연히 1차 크랙이 활발하지 않아
수분 배출도 약해져 커피가 탁해질 염려가 있다. 반대로 초반에 낮게 형성된
화력(예열이 부족했거나 적정량보다 투입량이 많아서)은 늘어지고 느슨한
프로파일을 형성한다. 그러면 로스터는 늦춰진 시간과 부족한 열량을
확보하기 위해 곧바로 최대화력으로 로스팅을 하게 된다. 이때 콩에 무리를 줄
수 있는데, 직화식이거나 얇은 드럼을 가진 로스터기의 경우 손상의 정도가 더
커지면서 탈 염려까지 생길 수 있으니 주의할 필요가 있다.

넷째, 적은 횟수의 불조절

화력 조절을 가급적 많이 하지 않는 것을 권한다. 로스팅이라는 것이
익숙해지면 반복적이고 지루하고 고된 작업이다. 로스팅 프로파일에 큰
파동이 없을 시에는 가급적 최소한으로 불 조절을 가져가야만 반복작업에서
오는 피로를 줄일 수 있다. 로스터에 따라 불조절 없이 초반에 세팅된
화력으로 로스팅을 마치는 로스터도 있다. 하지만 이런 프로파일보다는
필자의 경우, 1차 크랙에 앞서 한 번, 1차 크랙과 2차 크랙 중간에 한 번 총 두
번의 불 조절을 통해 맛의 복잡성을 향상시키려고 노력한다. ☕

완벽한 로스팅을 위한 준비 3

완벽한 로스팅을 위한 준비 4

화력과 배기의 상관성

38

배기排氣의 사전적 의미는 속에 든 공기, 가스, 수증기 따위를 밖으로 뽑아 버린다는 의미이다. 초창기 일본서적이나 교육에 익숙했던 선배들에게서 들은 용어가 아직도 현대 로스팅에서도 많이 쓰이는 것 같다. 이러한 용어 설명은 로스팅에 정확하게 들어맞는다. 단언컨대 배기를 능숙하게 다루는 로스터야 말로 최고의 로스터다.

39

배기와 대류

로스팅 과정에서도 이산화탄소 같은 가스와 연기 그리고 수분이 수증기
형태로 배출된다. 이중에서 연기와 이산화탄소 등은 부정적인 요소이다.
따라서 로스팅에서 '배기'란 이러한 부정적 요소를 밖으로 원활하게 배출하는
의미를 포함한다. 인체에 혈관이 있는 것처럼 배기는 로스터기의 혈관이라고
봐도 된다.

이러한 배기는 로스팅 결과물을 테스트할 경우 평가에서 클린컵(Clean cup)에
직접 영향을 미치기 때문에 대단히 중요하다. 그런 의미에서 커피가
텁텁해졌을 경우 제일 먼저 체크해야 할 부분이 바로 배기이다. 배기관 청소를
소홀히 했거나, 배기관이 지나치게 길거나 했을 경우 배기에 나쁜 영향을
미친다. 배기관뿐 아니라 배기를 담당하는 모터와 연결된 팬의 경우에도 많은
채프와 미세먼지로 원활한 배기가 어려워지면 이런 현상들이 종종 생긴다.
이는 클린컵에도 직접적으로 나쁜 영향을 미친다.

덕트가 잘 설치된 로스터기는 여간해서는 배기의 흐름을 눈으로 볼 수 없다.
하지만 오랫동안 갇혀서 로스팅을 하다 보면 오만가지 실수를 하게 된다. 그 중
하나가 생두를 투입하는 호퍼를 열어놓고 로스팅을 하는 것이다. 그러다 보면
연기가 배기관을 타고 흐르지 않고 열린 호퍼에서 나오는 것을 눈으로 볼 수
있다. 시간대별로 봤을 때 가장 많은 연기가 나오는 구간은 1차 크랙과 2차
크랙 같이 물리적인 변화가 큰 부근이지만 옐로우 단계를 지나면서부터도
연기는 배출된다. 그런 의미에서 특정 부근에서의 배기뿐 아니라, 로스팅 전
과정에 걸쳐 배기가 이루어진다는 것을 염두에 두고 로스팅을 해야 한다.

연기와 가스가 부정적인 의미를 담고 있다는 것에는 절대적으로 동의한다.
하지만 수분으로 인식되는 수증기는 달리 생각해 보아야 한다. 지금껏 수분은
떫은맛을 일으키는 부정적인 의미로 인식됐지만 필자는 수분을 적절하게
이용할 수만 있다면 높은 수준의 훌륭한 로스팅이 가능하다고 말하고 싶다.
가령 수분에 의한 열전달이나, 수분이 가수분해 형태로 화학적 반응에 영향을
미치는 부분 등 부정적인 의미보다 긍정적인 의미를 담고 있는 만큼 매우

중요하게 다루어야 한다.

앞서 언급한 실수와 더불어 다른 실수 중 하나는 적절한 배출 포인트가 되기
전에 배출을 하는 실수이다. 베스트 포인트에서 배출하지 못하거나, 배출을 몇
초 차이가 아닌 터무니없는 시간에 하는 것, 가령 로스팅 단계에서 옐로우
포인트에서 배출하는 실수를 하면 물로 흥건하게 적셔진 생두를 발견하게
된다. 이런 실수를 통해 수분 또한 앞서 언급한 가스와 더불어 1차 크랙뿐
아니라 로스팅 전 단계에 걸쳐 배출한다는 것을 알 수 있다. 이 모든 것을
적용해보면 수분은 전 과정을 통해 관리되어야 한다. 가스가 배출되는 시기와
수분이 배출되는 시기가 비슷한 패턴으로 움직인다는 것을 확인할 수 있다.
수분은 로스터기의 드럼안에서 수증기로 존재한다. 사우나실을 가득 메운
수증기를 연상하면 된다. 드럼의 내부를 메운 수증기는 생두로의 열전달을
방해하는 요소가 되어 온도상승을 지연시킨다. 사우나실에서 문을 열어
수증기를 내보내는 느낌으로 로스터기의 배기도 열고 닫고 하라고 조언을
해본다.

좋은 로스터기의 조건은 화력과 배기능력이다. 이 둘은 열전달 측면에서
상호보완적이다. 그래서 무엇보다 화력과 배기의 밸런스가 대단히 중요하다.
경우에 따라서 좋은 로스터기를 사용하는 유저의 경우에 배기가 필요 없다고
말하는 경우가 종종 있다. 로스터 제작사 측에서 화력에 맞게 배기를 맞춰버린
케이스에 해당한다. 버튼만 누르면 밥이 되는 최첨단 전기밥솥을 연상하면
된다. 이는 로스팅의 안정성을 위해 혹은 제작사의 철저한 철학에 의해 배기를
통제한 것인데, 자사의 일부 차종의 높은 차고로 인한 전복사고를 방지하기
위해 커브 길에서는 강제로 속도를 제어하는 기능을 넣은 독일의 자동차
브랜드에 비유할 수 있다. 오랜 역사를 자랑하는 로스터기 제작 회사에서 강제
제어 현상은 더욱 뚜렷하다. 이런 오래된 회사들도 근래에 들어서는 사용자의
요구에 따라 팬 스피드를 주는 등 배기에도 신경을 쓰는 분위기다. 하지만
필자가 느끼기에 오랜 동안 축척된 세팅 값은 화력과 배기의 균형 면에서 거의
완성의 단계에 이르렀을 것이라고 추측해본다.

그러나 이런 경우가 아닌 댐퍼에 의해 배기를 조절해야 하는 수많은 로스터의
경우, 특히 용량이 작은 소형로스터의 경우 배기는 화력에 직접적인 영향을
미친다. 대형로스터는 큰 가마솥이라고 보면 되고, 소형로스터는 작은

주전자를 연상하면 된다. 물을 한 바가지 퍼내고 새로 찬물을 한 바가지 붓는다고 해도, 큰 가마솥의 경우에는 충분한 에너지를 가지고 있어서 영향이 별로 없다. 하지만 작은 주전자의 경우에는 한 컵만 따라내도 온도가 떨어진다. 같은 원리가 로스터에도 적용된다. 작은 로스터는 뺏기는 열을 항상 주의해야 한다. 로스터의 댐퍼는 주전자의 뚜껑 같은 것이다. 뚜껑을 열어놓으면 물이 늦게 끓고 열 보존도 힘들다. 관능적으로 원리를 이해하는 것이 로스팅에 도움이 될 것이라 확신한다.

배기를 줄이면 초반 열량 확보에는 유리하지만, 중반 이후(옐로우 이상)에도 배기를 막아두면 로스터가 생두에 열을 주기가 힘들어진다. 가끔 배기가 좋지 못한 로스터를 보게 되는데, 이런 류의 로스터는 총 로스팅 시간이 배기가 좋은 로스터보다 오래 걸린다. 다시 말해, 배기가 막힌 로스터일수록 온도 상승이 늦어지면서 생두가 제대로 열을 받지 못하기 때문에 로스팅 시간이 길어지는 것이다.

배기는 대류와 연결시켜서 생각해야 한다. 로스터는 속성 상 초반에는 전도 복사열을 많이 사용하고 후반으로 갈수록 대류열을 사용한다고 설명했다. 배기는 대류의 흐름을 만들기 때문에 대류열을 사용하게 한다. 따라서 초반 열량 확보만을 위해서 무한정 배기를 닫을 수가 없다. 또한, 클린컵의 이유로 후반에 배기를 열어놓으면 급한 온도상승으로 이어져 자칫 생두가 탈 염려도 있으니 주의해야 한다.

40

화력과 댐퍼

배기와 대류에서도 비슷한 내용을 다루었는데, 이번 장에서는 댐퍼가 화력에
미치는 영향에 대한 내용을 다루고자 한다. 로스터기마다 차이가 있을 수
있지만, 댐퍼가 로스터기에 설치되어 그 역할을 하는 반열풍식의 소형
로스터급에 더욱 해당되는 내용이다. 로스팅 초반, 정확하게 말하자면
투입부터 옐로우 단계까지는 댐퍼를 닫아 두는 것이 화력 획득에 적합하다. 그
후에는 댐퍼를 개방해야 대류에 의한 열을 콩에 많이 전달할 수 있다. 초반에는
전도복사열을 이용하고 이후에는 대류열을 사용하기 때문이다.
물이 끓고 있는 주전자를 연상해보자. 주전자 뚜껑을 닫아 놓아야 열이
보존되고 물이 빨리 끓듯이, 로스터의 댐퍼는 주전자의 뚜껑 역할을 한다.
댐퍼로 로스터 드럼내부의 열을 가두는 것이다. 주전자에 끓는 물을 한 컵
따라내고 새로운 찬물로 채웠다면 열이 떨어진다. 열 손실이 있는 것이다.
용량이 작은 로스터기는 작은 주전자와 같다. 그렇기 때문에 초반에 열량을
확보하고 보존하는 것은 필수이고 그러기 위해서 댐퍼를 닫아 열을
보존하는데 신경을 써야한다. 소용량 로스터기는 버너와 로스터 본체로부터
공급되는 열이 부족하고 댐퍼의 영향을 많이 받기 때문에 항상 열손실을
염두에 두고 로스팅을 해야 한다. 소용량 로스터기의 경우 초반에 댐퍼를 닫아
놓고 잦은 댐퍼조절을 하지 말라는 이유가 여기에 있다.
반면 대용량의 로스터기는 무쇠가마솥이다. 한 바가지 물을 퍼내고 찬물을
부어도 여간해서는 물 온도가 떨어지지 않는다. 공급된 열을 잘 보존하는
드럼과 본체가 있기 때문이다. 용량이 클수록 온도변화에 덜 민감하고
상대적으로 댐퍼의 영향을 덜 받는다.
옐로우 이후에는 대류열의 사용이 많기 때문에 댐퍼를 닫아놓으면 대기순환이
이루어지지 않아 대기가 정체되고 콩에 열을 전달할 수 없다. 로스팅 초반과는
달리 댐퍼를 닫아 놓았을 경우에는 콩에 열을 전달할 수가 없다. 관리 부주의로
인해 배기가 막혔거나, 드럼의 회전수가 적어진 경우(수입제품의 HZ의 변화나
드럼 속도 다변형)에는 화력이 떨어진다.

결론적으로, 안정적인 열이 공급되었을 경우(버너에 불이 붙어있는 경우)에는 초반에 댐퍼를 닫는 것이 화력을 높이는 방법이고, 옐로우 이후에는 댐퍼를 적절하게 열어주는 것이 화력을 효과적으로 높이는 방법이다. 하지만 불이 꺼진 상태에서 댐퍼를 열어두면 급격한 열 손실이 있기 때문에 옐로우 이후라고 하더라도 주의해야 하며 가급적 불을 끄지 않는 것이 좋다. ☕

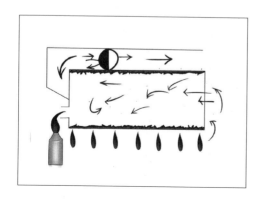

완벽한 로스팅을 위한 준비 4

완벽한 로스팅을 위한 준비 5

1차 크랙과 2차 크랙 사이

커피 콩에 열을 가해 내부까지 잘 익히는 것을 목적으로 하는 로스팅에서 1차 크랙이 중요한 이유는 콩이 실제로 열을 받고 있다는 것을 알 수 있는 가장 확실한 징표이기 때문이다. 로스터기내부에 위치한 온도계는 위치와 성능, 감도에 따라서 표시되는 값이 다르다. 특히, 빈온도의 경우 감지봉을 스치는 원두의 표면 온도를 측정하기 때문에 온도의 범위와 정확도가 다르다. 그렇기 때문에 콩이 열을 받아 더 이상 견디지 못해서 조직이 깨지면 많은 양의 가스와 습기를 배출하는데, 1차 크랙은 눈과 귀로 확인할 수 있는 현상이기 때문에 1차 크랙은 로스팅 전과정에서 매우 중요한 이정표가 된다.

1차 크랙을 지나고 다시 한번 콩의 조직이 깨지면서 1차 크랙보다 작은 자그락거리는 소리를 내는 2차 크랙이 온다. 상대적으로 라이트하게 로스팅을 하는 트렌드가 자리잡으면서 2차 크랙까지 도달하지 않는 로스팅 프로파일의 비중이 높은 최근에는 그 중요성이 작아 보이지만, 2차 크랙 역시 1차 크랙과 동일한 이유로 중요하다. 하지만 로스팅의 성격과 스타일 그리고 원두의 성질에 따라 1차 크랙과 2차 크랙에는 차이가 있다. 그 차이점을 살펴보자.

온도

일반적으로 로스팅에서 원두가 내는 소리와 그 모양이 확연히 달라지는 1차 크랙과 2차 크랙을 기준으로 프로파일을 잡는다. 여기서 주의해야 할 것이 있는데, 비교적 안정적인 상업용 대형 로스터의 경우에는 그렇지 않지만, 불안정한 소형 로스터는 평소의 투입량보다 적게 넣었을 경우, 평소 프로파일 온도보다 일찍 1차 크랙에 도달하는 것을 볼 수 있다.

요리를 할 때 적은 양의 재료를 넣었을 때 많은 양을 넣는 것보다 음식이 빨리 익는 것처럼, 로스팅을 할 때도 같은 화력을 사용했을 때 생두의 투입량을 줄이게 되면 콩에 전달되는 에너지가 커지면서 자연스럽게 1차 크랙에 도달하는 시간이 짧아진다. 1차 크랙의 기준이 되는 온도가 달라진다는 것을 인지하고 로스팅을 해야 하는 것이다. 생두의 표면 온도, 생두 무더기 온도만 측정하는 온도계 표시 수치와 실제 콩 받는 온도에는 차이가 있기 때문이다. 따라서 로스터는 로스팅 환경이 변했을 경우, 온도계와 로스팅 프로파일만 의지하지 말고 1차 크랙 부근에서 샘플봉을 이용해 로스팅이 되고 있는 원두의 상태(주름의 상태나 색깔)를 시시각각 파악하면서 기민하게 로스팅을 해야 한다.

가끔 지나치게 예열을 오래 했을 경우 1차 크랙 시간과 온도가 달라지기도 하는데 이 역시 온도계와 실제 콩이 반응하는 온도 사이에 차이가 있기 때문으로 해석할 수 있다. 또 콩의 성질에 따라서도 1차 크랙에 도달하는 온도가 달라지는데, 가령 가공 방법상 내추럴 계열에 속하는 부드러운 조직의 브라질은 1차 크랙의 온도가 낮아지는 경우가 있다.

사이즈가 작은 콩 역시 해당 로스터기의 일반적인 프로파일보다 낮은 온도에서 1차 크랙과 2차 크랙이 올 수 있다. 당근 요리를 한다고 가정해보자. 당근을 통째로 넣었을 때보다 가운데를 반으로 잘라서 넣었을 때가 당근을 익히기에 더 수월하다. 사이즈가 작은 콩이 큰 콩보다 열 침투가 수월하기 때문이다. 따라서 이런 콩을 로스팅하는 경우에는 미리 마음의 준비도 해야 하고, 배출 포인트도 맞춰서 잡아야 한다.

평소 온도만 보고 로스팅을 하는 경우에는 온도에 따른 현상이 달라지기 때문에 낭패를 당하기 쉬우니 주의해야 한다. 미리 알고 있다면 낭패를 면할 수 있다.

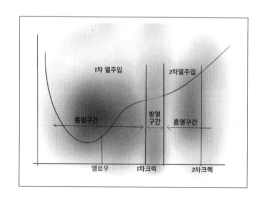

완벽한 로스팅을 위한 준비 5

소리

1차 크랙과 2차 크랙의 공통점은 발열반응이다. 하지만 1차 크랙은 더욱 많은 가스와 수분을 배출하기 때문에 그 소리가 크다. 보통 풍선이 빵하고 터지는 듯한 느낌이면 1차 크랙이고, 자글자글 갈라지는 소리가 나면 2차 크랙이다. 같은 1차 크랙이라고 해도 소리는 콩마다 차이가 있다. 조직이 단단한 SHB나 SHG계열의 커피는 1차 크랙 소리가 큰데, 밀도가 강하면 소리가 큰 경향이 있다. 필자가 경험한 가장 큰 1차 크랙 소리는 PNG(파푸아 뉴기니)였고, 가장 작은 소리는 인도네시아 만델링이었다. 인도네시아 만델링의 경우 생두 끝부분이 깨진 콩이 많아 터지는 소리가 약했다. 파푸아 뉴기니가 풍선이라면 만델링은 칼집이 난 비엔나 소세지를 연상하면 된다.

또 프로파일을 어떻게 가져가는지에 따라서도 소리가 다르다. 1차 크랙 전에 급하게 올라가는 프로파일(1차 크랙 직전 높은 ROR)의 경우, 1차 크랙 소리가 완만하게 올라오는(낮은 ROR) 경우에 비해 소리가 크다. 따라서 콩에 따라 1차 크랙을 크게 가져가야 하는 콩이 있고, 조용히 끌고 가야 하는 콩이 있는데 이는 로스터의 취향과 관련이 된다. 프로파일에 따라 서로 다른 과정과 결과가 나오는 것이다.

예를 들어 신맛과 향을 강조하는 프로파일의 경우에는 강한 화력으로 향미를 끌어올려야 하기 때문에 기울기가 급한 프로파일을 그려야 한다. 그래서 결과적으로 큰 소리를 내는 1차 크랙을 만든다. 달래듯이 조심하게 볶아야 하는 조직이 연한 브라질이나 열 흡수가 잘되는 만델링의 경우에는 낮은 ROR 값과 완만한 기울기의 로스팅 프로파일을 그린다. 이러한 콩들의 경우에는 작은 소리를 낸다. 만일 이 콩들을 향을 강조하는 프로파일로 급하게 로스팅 한다면 본연의 특색 구현에도 실패할 뿐만 아니라 자칫 콩에서 탄 향과 맛이 묻어날 수 있으니 주의해야 한다.

1차 크랙 없는 로스팅 프로파일이 존재할까? 또 어떤 의미가 있는 것일까?

경우에 따라서 1차 크랙이 없는 로스팅 프로파일이 존재한다. 조심스러운 화력조절과 낮은 ROR값으로 콩을 달래면서 볶았을 경우 1차 크랙이 없을 수 있다. 이 경우에는 다크 로스팅에 유리하다. 1차 크랙 때 연기 및 가스와 함께 수증기도 배출하는데, 1차 크랙이 없는 경우에는 상대적으로 보존된 수분이 콩이 타는 것을 보호하는 기능도 하고 맛의 형성에도 도움이 되기 때문에 다크 로스팅에 좋은 효과를 볼 수 있다.

1차 크랙과 2차 크랙 사이를 어떻게 가져가야 하는가는 맛의 수준을 높이는 데 매우 중요하다. 극단적으로 말해 이 구간을 어떻게 다루느냐는 로스터의 실력이라고 해도 과언이 아니다. 그 정도로 중요한 구간이고 시기적으로 배출이 이루어지기 때문에 로스팅의 마침표를 찍는 구간이기도 하다. 필자는 1차 크랙 완료 후 2차 크랙까지의 구간을 최종화력이라고 칭했다. 굳이 화력이라는 단어를 넣은 이유는 이 부분에 꼭 화력을 불어넣어야 하기 때문이다. 1차 크랙과 2차 크랙이 길어지거나 화력이 부족하면 밋밋하고 특색 없는 커피가 만들어질 수 있다. 화력 조절에서 메인 화력(옐로우에서 1차 사이의 구간)에서 뼈대와 맛의 중심을 설계했다면, 이 최종 화력 구간은 양념처럼 감칠맛이 나게 커피를 최종적으로 맛있게 만드는 구간이다. 화력 자체는 메인화력보다 덜하겠지만 안정적이고 지속적인 열 공급이 필수다. 콩의 성질과 특성에 따라 차이가 있을 수 있지만, 시간으로 표현하자면 1차 크랙 완료 후 4분 이상 길어지면 밋밋해지고, 1차 크랙 완료 후 1분 이내라면 지나치게 짧기 때문에 배기가 충분히 이루어지지 않고 이는 엉킨 듯 탁한 맛의 원인이 된다. 지나치게 짧은 1차 크랙과 2차 크랙을 피하기 위해서는 1차 크랙에 들어가기 전에 불을 끄거나 낮춰야 한다. 또 지나치게 늘어져서 커피가 특색이 없어지는 것을 피하기 위해 적당한 타이밍에 불을 올려 1차 크랙 완료부터 2차 크랙이 들어가는 구간에 열을 충분히 주도록 타이밍을 잡는 것이 핵심이다. 필자의 경험상 1차 크랙 완료 후 2분에서 2분 20초의 시간이 커피의 복잡성과 수준을 높이는데 가장 적당한 시간이라고 생각된다. 🖤

K

소프트한 브라질 로스팅 팁

재료가 중요해

로스팅을 요리에 비유했을 경우 로스팅 전반에 걸쳐 아우르는 핵심 주제는 좋은 재료 선정에 있다. 마치 스페셜티 원두를 갈망하는 것처럼. 원산지 별 로스팅의 경우에는 좋은 재료 선정에서 나아가 부위별 요리라고 칭할 수 있다. 예를 들어, 우리가 운 좋게 좋은 고기만을 취급하는 정육점을 발견했다면, 삼겹살과 목살, 갈매기살 같은 부위별 재료의 특성을 어떻게 살려 요리할 것인가에 관한 문제이다.

브라질스럽다 = 구닥다리 같은 옛스러운 맛, 아재스러운 취향

브라질은 내추럴 커피를 대표한다. 국제커피기구 ICO(International Coffee Organization)에서도 브라질은 Brazil Natural이라는 카테고리로 선물거래 되고 있을 정도로 브라질하면 내추럴 커피의 대명사라고 할 수 있다. 2000년대 초반만 해도 3천만 백(60kg기준)이었던 생산량과 소비량은 현재 6천만 백으로 두 배 가까이 증가했다. 이렇듯 규모와 가격을 주도하는 면에서 브라질의 위치는 확고하고 국제 커피시장에 지대한 영향을 미친다.

반면 스페셜티커피 시장이 강세인 요즘 트렌드에는 브라질이 소외받는 분위기다. 특유의 쓴맛과 탄맛 때문에 로스터들이 즐겨 사용하기에 다소 주저하게 되는 것이다. 브라질 커피의 특성(잘 타는 특성)때문에 완성된 블렌딩의 밸런스가 무너지는 등 로스팅 전반에 걸쳐 문제를 일으켜 외면을 당하는 듯하다. 하지만 소비량 통계에서도 알 수 있듯 브라질 커피는 여전히 커피의 왕처럼 군림하며, 콜롬비아와 더불어 블렌딩에서 핵심이 되는 비중을 차지하는 전통적인 커피다. 그래서 우리나라뿐 아니라 세계가 공통으로 가장 좋은 브라질 수급에 목말라 있고, 블렌딩 비중에서도 절대적 우위를 점하고 있는 것이 현실이다. 로스터의 입장에서도 묵직한 바디감과 단맛을 가지고 있는 좋은 브라질을 확보한다는 것은 많은 고민거리를 해결하면서 편안하게 로스팅에 임할 수 있다는 것을 의미한다.

브라질 산지에는 다양한 종(티피카, 버번종, 마라고지페 등)이 존재한다. 단지 종자뿐 아니라 가공공법에서도 단순 내추럴 방식에서 나아가 펄프드 내추럴 등 다양한 방법이 시도되었고 이는 현재까지도 이루어지고 있다. 하지만 이 종자와 공법을 아우르는 브라질만의 커피맛 특징이 바로 구닥다리 같은 옛스러운 맛, 아재스러운 취향이다. 여전히 기준이 되고 있는 맛이라고 할 수 있는데, 가령 '브라질에 비해' 약하다, 쓰다, 묵직하다 내지는 브라질을 '대체할 만하다' 등으로 분류하게 되는 것이다.

이러한 기준의 '브라질스럽다'는 '커피스럽다'라는 표현으로 대변되고, 그 특유의 맛과 묵직하고 구수한 특징 때문에 아직도 가장 익숙하고 대중적인

커피로 받아들여지고 있다. 이 전형적인 특징 때문에 그 맛을 대체하거나 포기할 수 없는 것이다.

프랜차이즈 빵집의 빵 같은 브라질

하지만 아이러니하게도 많은 생산량에 비해 좋은 브라질을 찾기란 쉽지 않다. 일반적으로 브라질 생두가 가지는 재료로써의 상품성은 그 가능성에 비해 상대적으로 낮은 편이다. 마치 대형 프랜차이즈 빵집에서 맛있는 빵에 대한 기대감이 크지 않은 것처럼 대량으로 생산되고 유통되는 브라질에 대한 기대치는 낮고 표현할 수 있는 맛의 영역도 한정적이다. 브라질은 극단적으로 말해 태생이 가진 게 없이 태어난 흙수저라고 할 수 있다.

브라질 커피는 태생적으로 다른 콩에서는 볼 수 없는 특유의 디펙트 이요드향 (Rio)으로 낙인찍힌, 불안하고 위태로운 커피이자 비운의 커피이다. 하지만 고만고만하고 튀지 않는 평범한 커피기에 부담없이 막 쓰기 좋다. 프랜차이즈 빵처럼 가격이 저렴하고 균일하다. 기계화, 설비화가 오래 전부터 진행되었고, 산업화된 브라질의 생두 산업은 경제의 규모, 대량생산을 주된 목적으로 한다. 매뉴얼화된 방법대로 찍어내는 산업재의 느낌이 강하다. 각 지역별로 특색 있고 개성이 강한 커피를 생산하는 과테말라나 중미와는 달리 생산지역 역시 대륙의 중부와 동부에 집중되어 있다. 최근에는 COE(Cup Of Excellence)의 시작을 알리는 게 브라질 소규모 농장이었고, 다테하 같은 대형 농장에서도 상품성이 있는 스페셜티 생두가 생산되기도 하지만 전통적으로 대량생산에 산업 구조가 맞춰진 특징 때문에 맛보다는 생산량에 초점이 맞춰졌다. 따라서 로스터는 브라질을 이용해 특별하게 맛있는 커피를 만들 필요가 없었던 것이다.

결과적으로 브라질 커피를 로스팅 함에 있어 로스터가 기억해야 하는 것은 '독보적인 독특한 맛 보다는 평균적인 맛의 표현과 실수를 하지 않는 것'이다. 이 점에 집중해서 로스팅 포인트를 맞춰야 한다.

어떻게 볶을 것인가? 센터컷을 태우지 않기

에티오피아를 비롯해 내추럴이 가지는 생두의 고유한 특성인 플로럴한 꽃향기, 강한 과일맛, 허브향 같은 다양한 콘텐츠를 브라질 생두에서는 기대할 수 없다. 로스팅의 목적을 오직 하나 '태우지 않기'에 초점을 맞춰야 한다. 로스팅을 하기 위해서는 재료의 특성에 대한 이해가 선행되어야 하는데, 브라질 커피가 가지고 있는 가장 근본적인 특성은 연한 조직이다. 브라질 생두의 조직이 연한 이유에 대해서는 자연건조식으로 말리는 과정 중에 나타나는 세포분열, 발아(Germination)를 이유로 들기도 한다. 이 부분 역시 이론적인 부분이고 논의가 이어지고 있는 것으로 알고 있다. 조직이 연하기 때문에 열을 잘 받아들이고, 로스팅 시 수분 배출이 잘 되고, 잘 마르며, 그렇기 때문에 쉽게 탄다. 실제로 브라질을 블렌딩한 원두에서 곧잘 탄맛이 나거나 쓴맛이 나는 이유는 브라질 때문이다. 브라질을 사용해서 블렌딩을 하는 경우에는 늘 열에 먼저 반응하고 타버리는 브라질을 염두에 두고 로스팅을 하도록 하자.

이러한 특징을 이해한다면, 브라질을 싱글로 로스팅을 할 경우 초기에는 강한 화력을 피하는 것이 좋다. 로스팅 초반에 강한 화력은 브라질의 스코칭 (Scorching, 겉 표면이 부분적으로 까맣게 타는 디펙트)을 불러 일으키기 때문에 초반부터 가급적 마일드한 불로 로스팅 하기를 권한다.

로스팅 프로파일을 잡을 시 평소에 사용하는 불의 세기보다 약하게 세팅을 하라고 권하고 싶다. 또 가급적 첫 배치(Batch)는 피하는 것이 좋다. 온도계에 표시된 온도보다 실제 드럼과 드럼 내부의 온도가 높을 가능성이 크기 때문에 생각한 것보다 뜨겁게 달궈진 드럼에 의한 스코칭이 일어날 수 있다.

조직이 연한 브라질이 조직이 단단한 콩에 비해 티핑(Tipping, 원형모양으로 까맣게 터지는 디펙트 종류)이 잘 발생하는 편은 아니지만, 그에 반해 로스팅 중후반에 센터컷(생두의 갈라진 가운데 부분)이 타는 현상이 자주 나타난다. 대류열에 의해 센터컷이 타는 것인데, 이 부분이 바로 브라질 로스팅의 핵심 키포인트로 항상 주의해야 하는 부분이다. 만약 센터컷이 검게 타는 현상이 로스팅 중간에 발견되면 즉각적으로 불을 줄이거나, 댐퍼를 이용해 배기를 닫아 더 이상 콩이 타지 않도록 불과 배기를 조절해야 한다.

브라질을 싱글로 즐기는 이유는 브라질 특유의 진한 바디감과 초콜릿 같은 단맛 때문이다. 강한 화력에 의해 향을 살리는 프로파일보다는 진득하고 온화한 중불을 이용하는 완만한 로스팅 프로파일을 권하고 싶다.

필자는 1차 크랙 부근에서 불을 최소화해서 조용하게 1차 크랙을 보내고, 배기는 닫는다는 느낌으로 1차 크랙과 2차 크랙의 중간을 유지하다가 2차 크랙이 도달하기 전에 배출한다. 앞에서 언급했듯이 브라질은 항상 탈 염려가 있기 때문에 조심스럽게 달래듯이, 부서지기 쉬운 요리재료를 다루듯이 로스팅 해야 한다. ☕

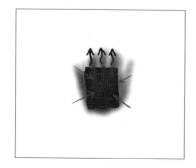

소프트한 브라질 로스팅 팁

맛과 향의 향연 에티오피아 로스팅 팁

사이즈가 중요해

로스팅을 스테이크 요리에 비유해보자. 냉동육에 비해 생고기는 풍부한 육즙과 다양한 맛의 콘텐츠를 갖고 있기 때문에 바짝 굽는 것보다는 살짝 구워 요리했을 경우 고기 본연의 특성을 잘 살릴 수 있다. 이 생고기와 비슷한 것이 바로 에티오피아 생두다. 냉동육처럼 양념을 따로 가공해서 보충하는 식의 인위적인 기교보다는 기본에 충실해서 살짝 볶아 내면 된다. 물론 '살짝'이라는 말은 로스터의 주관에 따라 상대적이지만 대체로 에티오피아는 살짝 볶았을 때 더 풍부하고 다채로운 향미와 맛을 느낄 수 있다. 또 로스팅 시 언더(Underdeveloped, 덜 익어서 떫어지는 현상)가 쉽게 나타나지 않고 잘 볶인다. 이런 이유에서인지 일반적으로 에티오피아는 살짝 볶는 라이트한 로스팅이 주를 이룬다.

50

에티오피아 : 최소한의 언더(Undeveloped)의 향연

직관적으로 표현해서 건질 것이 많다. 커피의 기원이자 열매로 인식되는
에티오피아 생두는 스페셜티커피 분야를 비롯해서 일반 커머셜에서도 맛과
향에 있어 가장 특색 있고 독보적인 생두 중의 하나다. 여러 생두 중에서도
열매(Cherry)로써의 특성을 가장 잘 가지고 있기 때문에 가장 충실하게
과일스러운(Fruity)느낌을 표현한다. 그래서인지 에티오피아를 마시다 보면
'커피가 열매였지'라는 생각을 문득 하게 된다. 여기에 꽃향기(Flowery)와 허브
(Herbal)의 풍미마저 더해진다면 더할 나위 없는 맛의 호사를 누릴 수 있다.
에티오피아는 이런 충만한 특징 때문에 주로 단종(Single origin)으로 로스팅
되어서 판매되고 있다. 또 풍부한 콘텐츠는 로스터로 하여금 자기만의 특색
있고 독보적인 블렌딩을 만들고 싶은 유혹과 욕심을 불러 일으킨다. 그래서
에티오피아는 여러 방면에서 가장 사랑받고 독보적으로 많이 사용되고 있는
생두 중 하나다.
로스팅을 할 때도 재료의 맛을 충실하게 구현하면 특색 있는 맛을 재현할 수
있다. 로스터의 입장에서는 다양한 맛의 콘텐츠를 가지고 있기 때문에 위안이
되고 안심하고 볶을 수 있는 것이다. 실제로 풍성한 콘텐츠를 살린다는
느낌으로 라이트한 로스팅을 시도해보면 좋은 결과물을 낼 수 있다.
로스팅 시에도 맛의 트러블(거친맛, 쓴맛)이 적은 편이고 초보 로스터도
비교적 쉽게 접근할 수 있다. 기교보다는 재료의 성질을 살려 살짝만 익혀내면
되기 때문이다. 수년 전 영국 스퀘어마일 커피(Square Mile Coffee Rosater)의
에티오피아 원두로 내린 커피를 마셔보고 놀랐던 적이 있다. 외관은 볼품없어
보여 그다지 인상깊지 않았던 콩이 실제로 내려서 마셨을 때는 대단히 힘있고
다채로운 맛을 표현했던 것이다. 이처럼 외관상은 언더 디벨롭(undeveloped)
으로 보이는 원두도 실제로 내려 마셔보면 향과 맛이 훌륭한 경우가 있다. 반면
외관상 주름도 잘 펴지고 알록달록한 부분도 없이 훌륭한 콩이라도 막상
내려서 마시면 밋밋하고 특색 없는 커피가 에티오피아 원두다. 이때 여러분은
어떤 것을 선택할 것인가? 당연히 외관은 볼품이 없는 콩을 선택할 것이다.

커피는 결국 잔에 담긴 한잔으로 종결되는 것이기 때문이다.

열과 시간에 따라 시시각각 변화하는 로스팅의 프로세스는 마치 기차여행 같다. 긴 여정에 수많은 정거장이 있다. 로스터는 차장이 되어서 콩을 원하는 정거장에 내려 줘야한다. 한번 지나친 정거장은 다시 돌아갈 수 없다.

에티오피아를 내려 줄 정거장을 찾아야 한다면 언더 디벨롭의 바로 다음 정거장에 서자. 에티오피아 로스팅의 개념은 로스팅 시 변하는 콩의 외관과 상태보다는, 최대한 떫고 자극적인 신맛이 안 나오는 선에서의 언더 디벨롭 개념으로 접근해보자. 성공한다면 맛과 향의 극한을 경험하게 될 것이다.

변곡점은 끝이 가장 뾰족하다. 에티오피아의 로스팅은 이러한 찰나의 변곡점 끝을 찾는 극한 작업이라고 할 수 있다.

맛과 향의 향연 에티오피아 로스팅 팁

사이즈가 중요해—당근은 잘라야 해!

일반적으로 로스팅을 시작하기 전에 체크해야 할 것들이 있다. 밀도, 수분율, 사이즈 등이다. 그 중에서도 에티오피아의 경우에는 사이즈가 가장 중요하다. 일반적인 에티오피아 콩은 사이즈가 작다. 로스터는 중량을 재서 로스터에 투입하기 때문에 같은 중량의 콜롬비아 17-18up에 비해 드럼 내에서 적은 용량을 차지한다. 다시 말해 용량이 5kg인 로스터에 적정 용량인 콜롬비아 5kg을 투입하면 드럼이 꽉 차는 느낌이 든다. 반면 에티오피아 5kg을 드럼에 넣으면 드럼이 약간 비는 느낌이 드는데, 이는 에티오피아 콩의 사이즈가 비교적 작기 때문에 드럼 내에서 콩이 차지하는 부피(Volume)가 줄어든 때문이다.

극단적으로 비유하자면, 당근을 통째로 프라이팬에 넣어서 볶을 때보다 여러 토막으로 잘라서 요리를 했을 경우 요리가 쉽듯이, 사이즈가 작은 에티오피아 콩 역시 밀도가 클지라도 열을 더 잘 받게 된다. 센터컷까지의 거리가 가깝기 때문에 콩이 잘 익는 것이다. 드럼에 노출되는 빈도수가 많아져서 전도 복사열을 흡수하기도 쉽고 여유로운 공간으로 인해 대류의 흐름 또한 원활해진다. 자연스럽게 대류열의 흡수도 용이하기 때문에 이런 결과를 낳는다. 결론적으로 수분과 밀도를 능가하는 사이즈의 힘이다.

실제 로스팅 프로파일에서는 1차 크랙이 오는 시간이 짧아지고 온도 역시 낮은 온도에서 반응하게 된다. 일찍 반응하는 콩인 것을 염두해 두고 로스팅 해야 미리 대응할 수 있다. 에티오피아가 들어가는 블렌딩의 경우에는 먼저 반응해서 타버리는 현상이 나타나기 때문에 에티오피아만 따로 볶아서 후블렌딩을 하라고 권한다. 콩의 성질을 파악하지 못하면 콩에 끌려 다니게 된다. 콩을 주도하고 내가 만들어내는 음악과 박자에 춤을 춰야 하는데, 그렇지 못하면 콩이 만들어내는 소리와 박자에 끌려가게 되면서 공연을 망치게 된다.

로스팅 프로파일 및 주의점

커피의 향과 신맛을 강조하기 위해서는 강한 화력을 이용해 짧은 시간에 급하게 올라가는 로스팅 프로파일을 이용해야 한다. 앞서 설명했듯이 작은 사이즈의 콩이 열 전달에 유리하기 때문에 콩 내부까지 잘 익는 장점을 극대화하기 위한 시도가 필요하다.

따라서 평소 본인의 로스팅 프로파일보다 높은 투입온도를 사용해서 초반의 열량을 확보하길 권한다. 또 로스팅 중간단계에서 배기를 평소보다 열어주는 느낌으로 대류에 의한 열 전달을 증가시켜주는 것도 방법이다. 열량이 풍부한 로스터가 효율적으로 볶을 수 있다는 것은 에티오피아 콩뿐 아니라 모든 콩에 해당된다. 하지만 에티오피아를 로스팅할 때 로스터의 성능에 많이 의존하게 되는 이유는, 강한 화력과 배기를 썼을 때 효과가 배가되는 현상을 경험했기 때문이다.

로스터의 열전달 형태에 따라서도 맛이 차이가 발생할 수 있다. 가령 전도 복사열을 많이 사용하는 반열풍 형태 로스터의 경우에는 같은 포인트에서 배출을 했더라도 대류를 사용하는 열풍식 로스터보다 신맛이 더 강하게 도드라진다. 반면, 열풍의 비중이 높은 로스터의 경우에는 치고 나오는 신맛을 누그러뜨리는 현상이 나타난다. 대류열을 많이 사용해 로스팅 중간에 수분과 유기물을 효과적으로 배출하게끔 설계된 로스터기에서 에티오피아 콩의 산뜻하고 발랄한 느낌이 잘 발현되는 듯하다.

변화무쌍한 특징을 갖는 생두인 만큼 배출 포인트 역시 매우 중요한 요소이다. 일정한 시간과 온도에서 루틴에 따라 배출하는 형태를 지양하고, 수시로 샘플봉을 꺼내서 확인해야 한다. 진행되는 콩의 향을 파악하고 맛을 추측하면서 최적의 포인트에서 배출하는 것에 온 정성을 다해 집중해야 할 것이다.

비교적 통제된 로스팅 프로파일을 갖는 여타의 콩과는 다르게 가장 넓은 스펙트럼을 갖는 콩 역시 에티오피아이다. 총 로스팅 시간이 4분에서 10분까지 다양한 변주가 가능한 매력적인 콩임에 틀림없다. 가령 같은 에티오피아의 경우에도 내추럴의 경우에는 향의 극대화에 초점을 맞춰 1차 크랙 초반에 배출을 할 수도 있다. 워시드의 경우에는 특유의 찌르는 산미를 누그러뜨리고 진득한 단맛을 증가시키기 위해 1차 크랙을 보내고 1차 크랙과 2차 크랙 중간에 배출하는 방법도 있다. 에티오피아의 경우에는 같은 콩이라도 배출 포인트에 따라 전혀 다른 뉘앙스가 나타나기 때문에 보다 섬세하게 다뤄야한다.

최근에는 단일 농장에서 거래되기도 하지만 전통적으로 에티오피아는 협회에서 관리하기 때문에 파치먼트 상태에서 관리 및 검사되어 여러 콩이 섞여서 유통된다. 여러 농장의 콩이 유통되기 때문에 퀘이커(Quaker)가 많아 알록달록한 바둑이 모양을 조심해야 한다. 예전에는 퀘이커를 피하려고 좀 더 다크하게 로스팅을 하기도 했는데 이 때문에 에티오피아 본연의 커피향이 없어지고 평범한 커피가 주종을 이루기도 했다. 최근 스페셜티의 흐름 속에서 좋은 품질의 콩이 유통되고 있어 다행이지만 필연적으로 발생하는 퀘이커를 골라내는 상황이 있더라도 그 자체를 두려워하지 말고 살짝 라이트한 로스팅을 추천한다.

커피에 대한 사람들의 취향은 다양하다. 로스팅도 합리적으로 다양하게 접근해야 한다. 위험을 감수하고 일찍 배출할 수도 있다. 또는 원하는 맛의 한 포인트만을 위해 포기할 수 있는 용기가 필요할 때도 있다. 다양하게 배출해보고 원하는 것을 취하라고 권해드리고 싶다. 역시 감을 익히는 것이 중요하다. 정답은 없고 취향만 있는 게 로스팅인 것 같다. ☕

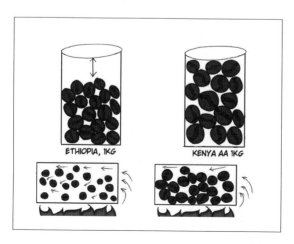

ETHIOPIA, 1KG

KENYA AA 1KG

맛과 향의 향연 에티오피아 로스팅 팁

인도네시아 만델링 로스팅 팁
칼집 난 비엔나 소시지

53

미식가들이 찾는 음식 중에 홍어가 있다. 커피에는 만델링이 있다. 홍어에 암모니아의 톡 쏘는 냄새와 독특한 기운이 있다면, 만델링에는 특유의 흙내음과 쓰고 진한 맛이 있다.

라이트한 커피의 트렌드로 만델링 같은 쓴 커피를 찾는 소비자들이 없어지고 있고, 구닥다리 같은 다크로스팅을 제공하는 로스터도 줄어드는 것 같아 안타깝다. 개인적으로 비 오는 날에 마시는 만델링의 맛은 참으로 일품이다. 지금은 다양한 종의 보급과 개량, 재배환경 등의 변화로 예전만큼 특유의 흙내음을 맛볼 수 없지만 그래도 만델링의 쓴맛과 바디감은 여전히 매력적이다. 절제된 산미, 묵직한 바디감과 진득하게 올라오는 쌉싸름한 초콜릿의 단맛, 스파이시한 풍미. 소비층이 줄어들기는 했지만 이 맛을 경험한 커피 미식가들은 지금도 여전히 만델링을 찾는다. 로스터의 입장에서도 결코 포기할 수 없는 맛의 영역이다.

이러한 특징을 잘 살리기 위해서 일반적으로 만델링은 강하게 다크 로스팅을 한다.

못생긴 커피의 대명사였던 만델링

동남아시아에 작고 큰 섬으로 이루어진 인도네시아는 말레이반도의 대부분을
차지하는 대국이다. 과테말라는 산으로 지역이 구분되어 각 지역마다 개성이
강한 커피가 재배되고 있다고 하는데, 인도네시아는 섬으로 고립되어 구획이
더욱 확연하게 나뉘어져 있다. 과테말라에 비해 지역(슬라웨시, 자바, 수마트
라)마다 개성이 뚜렷한 커피가 재배될 수 있는 환경이 형성된 이유다. 펼쳐놓은
길이로는 미국본토와 비슷하다는 이 대국은 섬마다 다른 나라라고 봐도
무방할 만큼 전혀 다른 인상의 개성이 강한 커피가 재배된다.

전통적으로 인도네시아에서는 커피를 수확하면 웻 헐드(Wet Hulled) 또는
길링바사(Giling Basah)의 방식으로 후 가공한다. 인도네시아의 커피농가는
수확시즌에 맞춰서 내리는 잦은 비로 인하여 말리는 공정에 어려움을 겪는다.
잘 말린 파치먼트가 적당한 수분율(11~13%)에 도달하면 탈곡을 하는게
일반적인 수세식(Wet Process)방식인데, 만델링의 경우에는 젖은 상태의
파치먼트(수분율 40%이상)를 강제로 벗겨낸 후 그린 빈(Green bean) 상태에서
건조한다. 우기 때 배수가 안 되는 조건으로 인해 실제로 흙탕물에 젖어 흙
내음이 난다는 속설도 이러한 가공 환경에서 기인한 듯하다. 이러한 독특한
방식으로 가공된 커피는 신맛이 억제되고 스파이시(Spicy)하면서도 독특한
풍미 그리고 강한 바디감을 불러 일으킨다고 추정한다.

젖은 콩을 천천히 건조해야 하는데 단 시일 내에 급하게 건조를 할 경우 생두의
끝이 깨지고 갈라지는 현상이 나타난다. 우리가 예전부터 생두의 끝이 깨진
센터컷 부근에 실버스킨이 덕지덕지 붙은 못생긴 만델링 생두를 접하게 되는
이유가 바로 이 때문이다. 깔끔하지 않은 외관 때문에 만델링은 등급도
디펙트를 골라내는 횟수 DP(Double-Picked)나 TP(Tripple-Picked)로 나뉜다.
사람이 손으로 많이 골라낸 생두가 좋은 것이다. 이렇게 전통적으로 만델링은
못생긴 커피의 대명사였다. 하지만 최근에는 말갛고 푸르게 투명한 아름다운
외관으로 탈바꿈하여서 가장 아름다운 외관으로 변모하였다. 이제는 못생긴
만델링은 옛말이 되어가고 이쁜 생두의 대명사가 되어가는 현실에 있다.

로스터가 해야 할 첫 번째 : 재료의 파악—칼집 난 비엔나 소세지

매번 하는 이야기지만 로스터는 로스팅에 앞서 생두의 품종과 성질을
이해하는 것, 즉 재료의 상태를 파악하는 것을 첫 번째로 해야한다. 길쭉한
비엔나 소세지를 불에 익힐 때나 생고기를 익힐 때 칼집을 내는 이유는 표면만
익는 것을 방지하고 내부 깊숙이 열로 익히기 위함이다.

만델링 생두의 조직은 단단하지만 끝이 깨져 있는 경우가 많아 열이 생두의
안쪽까지 쉽게 전달된다. 생두의 끝이 깨진 만델링은 자연적으로 칼집이 생긴
셈이다.

브라질 로스팅 팁(소프트한 브라질 로스팅 팁 참조)에서 언급한 것처럼
브라질은 조직 자체가 연해서 열 침투가 잘 된다. 그로 인해 초반에 열이
과도하게 주입되었을 경우에 겉이 타는 현상인 스코칭(Scorching : 원두 표면이
타는 현상)이나 로스팅 중 후반에 센터컷이 타 들어가는 디펙트가 빈번하게
발생한다. 반면 조직이 단단한 만델링은 브라질에 비해 로스팅 초반 과열된
드럼에서 공급되는 열에 의한 스코칭은 잘 일어나지 않는 편이지만 생두 끝이
깨진 형태로 인한 로스팅 중 후반(2차 크랙 부근)에서 나타나는 치핑(Chipping
: 원형의 터짐 현상)이 빈번히 일어나기 때문에 반드시 주의해야 한다.

강한 화력을 사용하기 보다는 중간 이하의 화력으로 천천히 익혀야 하는
측면에서는 맥락상 브라질 로스팅 프로파일과 유사한 부분이 있다. 칼집 난
비엔나 소시지를 떠올리면서 마일드한 불로 요리하듯이 꾹꾹 누르면서
로스팅을 해보자.

바람 빠진 풍선―작은 1차 크랙 소리

만델링 로스팅시 가장 뚜렷한 특징은 작은 1차 크랙 소리이다. 물론 생두의
품종과 조직의 밀도 차이에 따라서 1차 크랙의 소리가 다르게 나타난다.
지금껏 경험해 본 생두 중에서 동일한 프로파일로 로스팅 했을 때 1차 크랙
소리가 가장 컸던 것이 파푸아 뉴기니였고, 가장 작게 자글자글 소리를 낸 것이
만델링이었다.

로스팅 프로파일에 따라서도 1차 크랙 소리가 다르다. 가령 1차 크랙 부근까지
강한 화력으로 밀어붙여서 올린 경우, 다시 말해 프로파일 그래프가 급하게
올라가는 경우에는 ROR(Rare of Rise)값이 큰 프로파일에서의 1차 소리가
크다. 반대로 1차 부근에서 불을 조절하고 천천히 끌어올린 로스팅의 경우에는
소리가 작다. 하지만 만델링은 프로파일과 상관없이 일정하게 작은 1차 소리를
낸다. 빵하고 터지는 맛이 없고 밋밋하고 소심하게 조용히 자그락거린다.
바람이 빠진 풍선은 터질 때 잘 터지지만 터진다고 해도 그 소리가 작다.
조직이 깨져 있어서 구조적으로 그렇다.

낮은 투입온도와 억제된 배기

만델링도 로스팅시 낮은 투입온도로 투입하라고 권하고 싶다. 이는 스코칭을
방지하기 위해 초반에 열을 낮추는 브라질 로스팅과는 목적이 다르게 길게
로스팅 총시간을 늘리기 위함이다. 또한 플로럴한 향이나 허브의 느낌, 과일
같은 다양한 콘텐츠를 갖고 있지 않기 때문에 강한 화력으로 향을 살리는 짧은
프로파일(8분 이하) 보다는 지긋이 눌러준다는 느낌으로 길게 끌고 가는
것(13분 이상)을 추천한다. 이러한 프로파일은 산미를 죽일 수 있어
상대적으로 단맛과 진한 맛이 올라오는 효과를 쉽게 낼 수 있어 만델링 본연의
맛을 살릴 수 있는 프로파일이다. 배기는 최소한으로 억제된 상태를 권하고
싶다. 배기의 억제는 두가지 측면으로 살펴볼 수 있다.

첫째, 다소 긴 로스팅 시간으로 인해 밍밍하고 플랫한 맛을 보충하기 위함이다.
로스터기마다 화력과 배기능력이 다르기 때문에 숫자적으로 지정할 수는
없다. 다만 평소보다 적은 배기를 사용하라고 권한다. 막힌 배기로 인해서
클린컵에 문제가 생길 소지도 있지만 로스팅 시간이 길어진 만큼 상대적으로
긴 배기가 이루어지기 때문에 배기가 막혀서 생기는 클린컵에 구애받지는
말자. 본인의 로스터에 맞게 하되 최대한 떫어지지 않는 선에서 로스팅을
해보자.

배기를 억제해야하는 두번째 이유는 대류열을 줄여 치핑(Chipping)을 피하기
위함이다. 일반적으로 배기를 조절할 수 있는 가장 효과적이고 즉각적인
방법은 드럼의 회전속도(RPM)을 조절하는 것이다. 회전속도가 낮아지면 전도
복사열의 비중이 커지고 배기는 상대적으로 줄어들면서 대류열의 비중이
낮아진다.

열풍 비중이 높아 배기조절이 용이하지 않은 로스터기의 경우, 드럼의
회전속도를 줄여 배기를 억제하는 방법이 효과적이다. 드럼속도를 조절할 수
없는 로스터기의 경우에는 댐퍼를 조절하는 것으로 같은 효과를 기대할 수
있다.

댐퍼가 장착된 반열풍 로스터기의 경우에는 초반에 전도열과 복사열을 주로

사용하고 로스팅 중후반부에는 대류열을 사용한다. 하지만 대류열 자체가 콩을 통과하는 속성의 열원이기 때문에 콩의 표면과 내부에 손상을 줄 위험이 있어 대류열을 억제해야 효과적인 로스팅을 할 수 있다. 배기를 억제함으로써 대류열을 줄여 디펙트를 줄이기 위함이다. 로스팅 디펙트 중 치명적인 디펙트인 치핑의 경우에는 조직이 가장 많이 손상되는 1차 크랙을 지나 2차 크랙 부근에서 빈번하게 발생한다. 만델링 로스팅의 핵심은 억제된 배기로 결론지을 수 있다.

취향에 따른 선택 : 기름진 원두의 배출 포인트

로스팅을 스테이크 굽는 것에 비유하자면 에티오피아 생두는(에티오피아
로스팅팁 편 참조) 육즙이 풍부한 생고기를 굽듯이 레어(Rare)한 상태로
로스팅하는 것을 권하지만 만델링의 추천 포인트는 웰던(Well done)이다.
만델링 원두의 특성은 진한 쓴맛과 깊은 바디감 그리고 단맛에 초점을 맞춰야
한다. 2차 크랙이 들어가서 기름이 나오는 단계까지 들어가야 한다.
각 지방마다 홍어를 삭히는 정도가 다르다. 10일 삭힌 홍어보다 15일 삭힌
홍어가 더 진한 풍미와 맛을 낸다. 취향의 영역이지만 홍어를 먹어본 사람들이
바라는 맛이 존재하기 때문에 삭히긴 삭혀야 한다.
만델링도 익히긴 익혀야 가지고 있는 본연의 특별한 맛을 내지 않을까? 홍어는
삭혀야 맛이고 만델링은 익혀야 맛이다. 2차 크랙까지는 들어가자. ☕

과테말라 코스타리카 로스팅 팁

강한 콩은 강한 불로

높은 고도에서 자란 콩들이 대체로 밀도가 높고 조직이 치밀하다. 과테말라, 코스타리카 등의 커피 등급을 나눌 때는 강도(밀도)로 표시하고, 멕시코 온두라스 등의 커피는 재배 고도 SHG(Strictly High Grown)에 따라 등급을 나눈다. 높은 고도에서 강한 콩이 재배된다는 맥락이다. 고산지대는 평지보다 천천히 커피체리가 익기 때문에 생두에서 과밀한 신맛과 고급진 단맛을 만들어 낸다. 밀도가 단단하다는 것은 콩 안에 많은 콘텐츠를 함유할 가능성이 크고 실제로 그런 경향이 있기 때문에 시장에서 높은 가격으로 거래된다. 조직이 치밀하고 밀도가 높은 콩은 열을 침투시키기 힘들지만 일단 열전달이 적절하게 이루어져서 로스팅이 잘 되었을 경우는 고급진 신맛과 고도로 마일드한 맛을 표현할 수 있다. 일반적으로 강한 화력으로 급하게 볶았을 경우에 이러한 성격이 잘 표현되면서 커피의 특징이 잘 살아나게 된다.

지역별 미인대회1등 과테말라

인도네시아 커피산지가 각 섬마다 특색있는 맛의 커피를 선보이고 있다면, 과테말라의 경우는 산으로 구획된 지역으로 인해 지역마다 색이 강한 커피가 생산된다. 세계적으로도 생산농가 생산이력 추적(Traceability)이 가장 잘 되어있고 지역과 농장별로 생산시설 관리가 잘 되는 나라 중 하나다. 커피맛도 라이트하고 달콤한 과일맛부터 무겁고 초콜릿 같으면서 촉촉한 질감 또는 견과류의 고소함까지 컵에 담고 있어서 로스터가 선택할 수 있는 맛의 영역이 매우 넓다.

과테말라 커피라고 하면 국내에 가장 많이 유통되는 우에우에테낭고 (Huehuetenango), 깨끗하고 고급스러운 산미가 특색인 안티구아(Antigua), 호수의 기운을 담은 듯한 아티틀란(Atitlan), 스타벅스가 가장 많은 양을 가져가는 묵직한 프라이하네스(Fraijanes), 마일드한 커피의 대명사 코반(Coban), 맛의 편차가 있지만 주요산지인 산 마르코스(San Marcos), 거칠지만 선이 굵은 누에보 오리엔테(Nuevo Oriente) 등 과테말라는 지역별로 가장 개성이 뚜렷한 커피를 생산한다. 지역이 여럿이지만 이러한 지역 모두 해발 1,300~2,000m를 넘는 높은 고도에서 커피경작이 이루어져 밀도가 높고 치밀한 콩이라는 공통점이 있다. 이 모두를 통칭해서 일명 '강한콩'으로 인식하면 되겠다.

엘 인헤르또 같은 COE에서도 우수한 성적을 내는 스페셜티커피시장을 리드하는 명품농장이 존재하지만, 과테말라 커피는 블렌딩에서 주로 중간에 부족한 맛을 채워주는 보조역할을 한다. 커피 블렌딩에서 베이스(가장 많은 비중을 차지하는)는 탄탄한 바디감과 맛을 주도하는 웅장함이 있어야 한다. 하지만 앞서 말한 어중간한 성질 때문에 과테말라 커피는 블렌딩에서 소외되고 커피의 비중을 늘리는 용도로 쓰인다. 싱글로는 그 특색을 잘 드러내서 나름 개성이 강한 고급커피로 커피 애호가들에게서 오랫동안 사랑을 받아온 커피지만, 다른 커피와 더불어 여럿이 함께 있는 블렌딩의 경우에는 맛이 묻히는 경향이 있다. 그래서 자연스럽게 맛의 중간 부분에서 마일드하고 실키(Silky)한 느낌을 담당하는 용도로 사용되고 있다. 고추장이 많이 들어가서 맵고 칼칼한 음식에서는 MSG가 별효과를 거둘 수 없는 이치와 비슷하다.

한종목에 특화된 소문난 맛집이 아닌 잘 차려진 뷔페랄까? 지역 미인대회에서 1위를 하지만 전국대회에서는 준우승에 머무는 안타까운 커피다. 섬세한 창법을 구사하고 오랜 구력의 실력파 가수임엔 틀림없지만 독보적인 가창력을 가지고 있지는 않다. 상황이 이러하다 보니 실력에 비해 자칫 기억에서 잊혀지기 쉽다.

가수로 비유하자면 메인 보컬이 아닌 코러스 담당. 혼자서 맛을 주도해서 이끌어가기 보다는 후방에서 지원해주는 역할을 한다. 따라서 과테말라의 경우에는 보다 기민하고 정확한 로스팅을 해야한다. 마치 코러스를 담당하던 수줍음이 많은 실력파 무명가수를 메인가수로 등장시키는 프로듀서의 심정으로 로스팅에 임하자.

과테말라 코스타리카 로스팅 팁

화장의 미학, 코스타리카

과테말라와 더불어 중미 커피 산지의 양대 산맥 코스타리카는 깨끗하고
달콤하고 기분 좋은 마우스필(Mouthfeel)이 특징이다. 균형 잡힌 밸런스에서
나오는 가벼운 바디(Body)를 보여준다.

과테말라는 산으로 나뉘어진 구획으로 인해 여러 지역에 걸쳐 널리 퍼져있기
때문에 높은 고도에서 다양한 커피를 생산한다. 그에 반해 코스타리카는
수도인 산호세(San Jose)를 중심으로 골짜기(Central Valley, West Valley)가 뻗어
있고, 주변에 따라주(Tarrazu), 트레리오스(Tres Rios), 오로시(Orosi)등의
커피산지가 모여있다. 과테말라보다 생산 지역이 모여있고 상대적으로
재배고도(1500m이상도 있지만)도 낮은 편이다. 넓은 지역마다의
특색(떼루아)을 기대할 수 없고 연안은 열대성, 내륙산악지역은 온대성 기후
환경 등 커피맛에도 편차가 있는 편이었다.

19세기 중반에 수세식 공법이 소개된 이후로 20세기 초까지 200개가 넘는
수세식 밀(Wet Mill)들이 생겨났다. 그 후로 오랫동안 코스타리카의 커피는
수세식 커피, 깨끗하고 가벼운 커피의 이미지를 가지게 되었다. 이러한
이미지는 커피 애호가들에게 너무 깔끔하기만한 어중간한 커피라는 인식 또한
들게 만들었다. 이러한 애매한 맛의 포지션 때문에 인근 나라에 수출된 뒤,
이름을 둔갑시키고 재포장해서 수출되는 수모를 겪기도 했다.

수세식 코스타리카 커피를 마시면 정갈하지만 계산되고 억제된 프랜차이즈
음식이나 패스트푸드 가 연상된다. 숙성된 음식에서 나오는 걸쭉한 음식을
기대하는 애호가들에게는 그저 그런 커피로 느껴진다는 것이다. 양념을
지나치게 덜어내 맛에 대한 안정감이 느껴지는 정갈한 음식.

화산지대의 비옥한 흙, 신의 축복을 받은 듯한 천혜의 자연환경, 최적의
커피생산환경, 이러한 수식어가 코스타리카에는 늘 따라붙는다. 하지만
축복받은 땅보다 축복받은 정부의 정책(5년간 커피를 경작하면 소유권을 줌,
1831년 정부정책)과 블렌드 마케팅이야말로 커피산업을 한층 높은 수준으로
발전시키고 축복받은 커피를 내놓는 원동력이라 할 수 있다.

적극적이고 엄정하게 품종관리를 해온 코스타리카 정부와 관련기관들은 맛에 대한 지속적인 보완책으로 20세기 중반 소작혁명(Micro Mill Revolution)과 커피 후가공(Post Harvest)을 필연적으로 개발하게 된다. 코스카리카 피베리(Peaberry), 마이크로 밀(Micro Mill), 허니 프로세스(Honey Process) 등 코스타리카는 단연코 커피 유행의 선구자이다. 여전히 훌륭한 수세식 커피가 생산되고 있지만 코스타리카라고 하면 이제는 허니(honey) 후가공이 제일 먼저 떠오른다. 커피의 민낯에 화장을 시킨 것이다. 음식으로 비유하자면 아이들이 먹기 좋게 김치를 물로 씻어내던 것을 덜 씻고, 씻는 정도에 차등을 두어 묻어있는 양념의 양을 조절하는 식이다.

그렇게 지금 우리에게 익숙한 허니 프로세스(Honey Process)가 탄생했다. 커피를 펄핑한 상태에서 과육을 제거하지 않는 상태로 말리는 공정인데 이로 인해 깨끗하기만 했던 코스타리카의 커피에 새로운 생명력을 불러일으켰다. 이것이 커피산업 전반에 큰 파장을 일으켰다.

사실 허니 프로세스 자체는 완전히 새로운 공법은 아니다. 베트남 세미 워시드(Semi washed)나 브라질 펄프드 내추럴(Pulped-natural)의 연장선에 있다고 볼 수 있는데, 근본적인 차이는 원판에 있다. 원판불변의 법칙이라고 했던가? 원판(근본)이 좋지 못하면 화장을 하고 아무리 치장을 해도 거기서 거기다. 코스타리카 커피는 원판이 좋다. 근본이 좋다.

과거에 잘나갔던 아이돌 가수가 중견 가수가 되었는데, 화려한 화장과 퍼포먼스로 재조명되어 전성기를 맞이하는 느낌이다. 이 화장술과 퍼포먼스는 이전의 모습을 잊어버리기에 충분하다.

과테말라 코스타리카 로스팅 팁

막 다뤄도 되는 스테인리스 식기

식기의 종류에는 조심히 다뤄야하는 깨지기 쉬운 유리 그릇이 있고, 식당
등에서 자주 이용되는 스테인리스(Stainless) 그릇이 있다. 과테말라를 비롯한
높은 고도에서 재배되는 스펙을 가진 콩은 모습이 흡사 스테인리스 그릇과
같다. 브라질 커피가 조직이 연한 유리그릇이라고 하면 높은 고도에서
재배되는 고밀도 콩은 스테인리스 그릇이다. 외관상으로도 센터컷을 보면
단단하게 말려들어가 있는 모습에서 강한 생두라는 것을 느낄 수 있다.
실제로 SHB나 SHG등급의 생두는 로스팅 시 트러블이 적고 로스팅 정도에
따라 다방면의 맛을 낼 수 있어서 활용범위가 매우 넓다. 강한 화력으로
로스팅을 진행했을 경우에 화력으로 향을 끌어올릴 수도 있고 산미를
강조하는 커피로도 만들 수 있다. 그렇지만 초반의 강한 화력은 커피 외부를
그을리게 하는 스코칭(Scorching)을 만들 수 있고, 로스팅 중후반 대류의 강한
화력은 커피 외부의 터짐 현상인 치핑(Chipping)을 유발하기도 한다. 하지만
과테말라나 코스타리카 같이 조직이 치밀하고 내부가 꽉 들어차 있는,
고산지대에서 재배되는 중미콩의 경우에는 밀도가 강하여 이러한
디펙트로부터 대체로 자유롭다.
이러한 강한 화력이 오히려 조직이 강한 콩의 농밀한 산미를 만들고 배기가
짧은 로스팅은 유기물 손실이 적어 풍부하고 다채로운 컨텐츠를 드러내는데
유리하다. 그래서 밀도가 강한 과테말라나 코스타리카는 강한 화력으로 짧게
로스팅하기를 권장한다. 비교적 스코칭에 대한 우려로부터 자유롭기 때문에
가능한 강한 초반 투입온도는 짧은 로스팅을 가능하게 한다. 고산지대에서
나오는 대부분의 고급생두는 좋은 산미와 더불어 클린컵을 가지고 있는
경우가 많으니 과감하게 짧은 로스팅을 시도해 보는 것을 권한다.
콜롬비아는 특정 구간에서 열을 받지 못하면 나오는 풀맛(Grassy)과 거친
맛이 상대적으로 적기 때문에 짧게 로스팅하는 것도 유리하지만, 늘 말하듯이
로스터의 화력과 배기 능력 열원의 형태 등에 따라 차이가 있을 수 있기 때문에
정해진 시간에 맞추기보다는 본인의 로스터 성능에 맞춰 평소보다 상대적으로

강한 화력을 사용한다는 느낌으로 로스팅을 하면 된다. ☕

O

디카페인 로스팅 팁
물에 다시 담긴 건조된 오징어

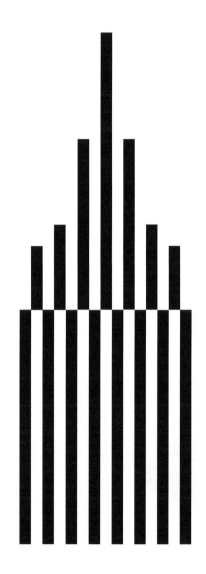

대체적으로 디카페인 커피는 맛이 없다는 편견이 있다. 실제로 일반적인 디카페인 커피를 마시면 커피 본연의 맛과 향이 빠진 톤다운(tone down)된 느낌을 갖게 된다. 디카페인 커피의 제조방법 중 하나인 스위스 워터 방식(Swiss Water Process) 때문이다. 최근 이산화탄소(CO_2)를 이용한 디카페인 커피 생산 방식도 각광을 받고 있지만 많은 설비투자가 필요하다는 단점 때문인지 우리가 흔히 접하는 디카페인은 스위스 워터 방식을 거친 커피이다. 쉽게 말해 생두를 뜨거운 물에 넣었다가 건져 낸 후, 물에 용해된 커피성분 중에서 카페인만을 필터로 제거한 뒤에 이 용액을 생두에 다시 주입하는 방식이다. 이 과정에서 물에 담긴 생두는 고유의 향과 맛이 없어지게 된다. 잘 건조된 오징어를 물에 담근 후에 다시 말려 먹는 느낌이랄까?
이런 이유로 인해 여간 해서는 맛있는 디카페인을 찾기가 힘들다. 색깔도 디카페인 과정 중에 생긴 카라멜라이징 때문에 청록색의 그린빈(Greenbean)이 아닌 거무스레한 갈색 빛깔을 띠는 브라운빈(Brownbean)이라 해야 될 것 같다. 모양 또한 쪼글쪼글하고 이쁘지 않다. 이러한 디카페인 커피의 성질을 파악하고 효과적인 로스팅 방법에 대해 알아보자.

거부할 수 없는 유혹 커피 그리고 카페인에 대하여

카페인(Caffeine)은 세계에서 가장 많이 사용되는 정신활성물질, 즉
각성제이다. 어원 자체가 '커피'에 알칼로이드(Amine)물질을 뜻하는
'ine'가 붙은 것으로 1819년 독일 화학자 프리드리히 페르디난트 룽게(Friedrich
Ferdinand Runge)가 커피에 들어있는 혼합물이라는 의미에서 붙여 명칭했다.
이렇게 해서 Kaffeine, Caffeine이 붙게 되었고, 카페인하면 커피가 자동으로
연상된다.

아메리카노 한 잔에는 100mg에서 120mg의 카페인이 들어있다. 아메리카노
1샷을 내리기 위한 원두 10g에 1.2%의 카페인이 들어있다고 한다면, 10g x 0.012
= 0.12g로 120mg의 카페인이 되는 것이다. 하지만 사용되는 원두가 많은 경우
(에스프레소 2샷)에는 더 많은 카페인을 섭취하게 된다.

에스프레소보다 3~4배 더 많은 양을 사용하는 핸드드립이나 오랜 시간 동안
우려내는 콜드브루(더치커피)에 더 많은 카페인이 함유되어 있는 것은 많은
양을 사용하기 때문이다. 카페인은 또한 커피 외에도 코코아나 홍차 그리고
에너지 드링크에도 들어있다. 효능으로만 보면 꼭 커피가 아니어도
각성효과를 일으키는 음료는 많다.

커피에 홍삼을 넣거나 녹용을 넣는 등 기능성으로 커피음료에 접근을 했던
모든 시도들이 좋은 결과를 내지 못했다. 사람들은 이전부터 익숙했던
각성효과를 기대하며 커피를 찾았지만, 커피가 몸에 좋다고 인식하거나
건강음료로써 찾는 경우는 많지 않았다. 물론 하루에 신선한 원두커피 2~3잔을
마시면 활력이 돌며 기분이 좋아질 수도 있고 집중력이 향상된다. 하지만
황산화 작용(늙지 않게 한다), 당뇨 예방 등의 생활 및 건강에 도움이 될 수
있다는 등의 내용은 부가적인 유익함일 뿐이지 실제로 사람들은 커피가 그저
맛있어서 먹는다는 느낌이다.

허브차나 홍차에서도 좋은 아로마와 향긋한 맛이 있지만 좋은 쓴맛을 주는
음료는 커피가 유일하다. 그 쓴맛은 영지버섯의 쓴맛과는 다른, 부드럽고
찌르는 듯한 자극적인 쓴맛이 아닌 촉촉하고 맛있는 쓴맛이다. 맛있어서 먹는

음료가 커피다. 거부할 수 없는 검은 빛의 유혹 커피.

잠을 깨기 위해 마시는 커피에서 잠을 자기 위해 마시는 커피로의 진화

맛있다고 커피를 자주 마시다 과도하게 섭취했을 경우에는(사람마다 다르지만 300~800mg 이상) 불안해지고 날이 선 듯한 느낌이 들 수도 있다. 임신 중에는 태아의 저체중에도 영향을 미칠 수 있다는 이야기도 있으니 카페인을 지나치게 많이 섭취하는 것은 자제해야 한다. 하지만 이 검은 빛의 유혹, 커피는 쉽게 끊을 수 없다. 여기에 커피를 마시는 이유를 조사한 결과를 보면 잠을 깨기 위해서 마시는 이유가 가장 많다. 현대인의 고된 삶을 보여주는 대목이다.

사람마다 카페인에 대한 내성이 다르지만 보통의 경우 24시간에서 48시간 동안 카페인은 사람을 각성하게 만든다. 잠을 깨우기도 하지만 동시에 잠을 잘 수 없게 하기도 한다. 카페인 자체가 수면의 시작(잠들게 하는 것)과 수면을 유지하는 것 또는 수면의 끝(아침에 깨우는 것)에 전반적인 영향을 미친다. 잠을 깨우는 반면 잠을 들지 못하게 하는 양면성. 잠을 자기 위해 마시는 커피이자 이젠 잠을 자기 위한 커피로 변하게 된다. 수면의 질과 삶의 질과 상관하여 디카페인 커피가 더욱 더 필요한 이유다.

디카페인 로스팅 팁

결론부터 말하자면 디카페인 생두는 로스팅이 어렵다. 일반적인 생두를 로스팅 할 때 보다 주의를 더욱 많이 기울여야 한다. 지금껏 원산지별 로스팅 방법의 모든 기법들이 총망라한 듯 보인다.

1. 적은 수분율

카페인 제거 공정과 재 건조 과정을 거치는 동안 일반적인 생두보다 수분 함량이 적다. 갓 수확되어 파릇파릇 한 뉴크랍(New Crop)보다는 3개월에서 6개월 정도된 생두의 풀냄새(Grass)가 안정되어 있는 느낌이 있어서 로스팅할 때 용이하다. 하지만 지나치게 적은 수분의 올드크랍(Old Crop)의 경우에는 수분이 적어 로스팅시 열전달에는 용이하지만 겉이 타는 디펙트의 위험이 도사리고 있다. 가령 물에 젖은 종이는 불에 넣어도 수분 때문에 한참을 그대로 유지하면서 잘 타지 않지만, 김 같은 음식은 불에 닿자 마자 홀라당 타버린다. 생두에 포함된 수분은 커피맛에도 영향을 미치지만 생두가 쉽게 타는 것을 방지해준다. 디카페인 커피는 수분율이 낮기 때문에 로스팅시 첫 번째로 주의해야 할 것은 겉이 타는 것이다. 초반의 강한 화력은 생두의 겉면만 태우는 디펙트 스코칭(Scorching)을 불러 일으키기 때문에 초반에는 강한 화력을 피하고 온화한 화력으로 시작하자. 드럼의 회전속도가 RPM 60 이하인 전도복사열에 많은 비중을 실어 로스팅하는 로스터의 경우는 초반 화력에 더욱 더 주의해야 한다. 낮은 투입온도로 시작하는 것은 초반에 과도한 화력을 피하는 방법이 될 수도 있다. 그리고 첫 배치 때는 로스터기가 온도계에 표시되는 것보다 더 과열이 될 수도 있기 때문에 처음 배치도 피하는 것이 좋다. 수분 함량이 작은 콩을 로스팅할 때는 댐퍼를 이용해 대류의 흐름을 조절할 수 있기 때문에 댐퍼가 있는 모델이라면 댐퍼를 약간 닫는 느낌으로 로스팅을 해야 수분의 손실을 줄일 수 있다.

생두에 포함된 수분은 커피맛에도 영향을 미치지만 생두가 쉽게 타는 것을 방지해준다. 디카페인 커피는 수분율이 낮기 때문에 로스팅시 첫 번째로 주의해야 할 것은 겉이 타는 것이다. 초반의 강한 화력은 생두의 겉면만 태우는 디펙트 스코칭(Scorching)을 불러 일으키기 때문에 초반에는 강한 화력을 피하고 온화한 화력으로 시작하자. 드럼의 회전속도가 RPM 60 이하인 전도복사열에 많은 비중을 실어 로스팅하는 로스터의 경우는 초반 화력에 더욱 더 주의해야 한다. 낮은 투입온도로 시작하는 것은 초반에 과도한 화력을 피하는 방법이 될 수도 있다. 그리고 첫 배치 때는 로스터기가 온도계에 표시되는 것보다 더 과열이 될 수도 있기 때문에 처음 배치도 피하는 것이 좋다. 수분 함량이 작은 콩을 로스팅할 때는 댐퍼를 이용해 대류의 흐름을 조절할 수 있기 때문에 댐퍼가 있는 모델이라면 댐퍼를 약간 닫는 느낌으로 로스팅을 해야 수분의 손실을 줄일 수 있다.

2. 연한 조직

브라질 로스팅 팁에서도 언급했듯이 조직이 연한 생두의 경우 열침투가 용이해서 잘 볶이는 장점도 있지만 이 역시 자칫 타버릴 염려가 있다. 브라질의 경우도 가장 연한 부분인 센터컷이 타 들어가는 현상이 종종 발생하는데, 디카페인 생두의 경우도 디카페인 제조 공정과 재건조를 거치면서 조직이 느슨해지고 열리기 때문에 브라질과 같이 센터컷을 태우는 실수가 일어날 위험성이 높다. 따라서 브라질 로스팅 방법과 동일하게 평소보다 적은 화력으로 로스팅하기를 권한다.

3. 작은 1차 크랙 소리와 잘 벌어지는 센터컷

만델링 로스팅 프로파일에서 언급했듯이 조직이 깨져 있거나 벌어진 생두의 경우에는 밀도가 단단하고 센터컷이 잘 여물어 있는 고밀도 생두에 비해 1차 크랙(1st Crack) 소리가 작다. 1차 크랙 소리로 로스팅 과정의 분기점(불의 양과 배기를 조절하는)을 삼는 로스터의 경우에는 더욱 주의 깊게 1차 크랙 소리를 듣고 반응해야 한다. 로스팅 전체 과정 중에서 1차 크랙 때 수분의 배출이 가장 많이 일어난다. 조직도 연하고 센터컷도 열린 디카페인의 경우, 1차 이후에 지나치게 오랜 시간 로스팅을 지속하면 역시 센터컷과 콩의 내, 외부가 타는 현상이 빈번하게 발생하므로 가급적 1차 크랙 후에는 빨리 로스팅을 종료하는 등 주의하고 집중해야 한다.

4. 로스팅 단계에 따른 다른 색의 변화

앞서 언급했듯이 디카페인은 생두자체가 갖는 고유한 짙은 색깔 때문에 일반적인 생두의 로스팅 때와 같이 색깔만 가지고 로스팅의 정도를 가늠할 경우에도 실수를 할 수 있다. 프로파일상 같은 온도에서 반응하는 생두보다 짙게 표현되므로 육안으로 보기보다는 냄새와 소리에 관심을 가지고 로스팅의 정도를 파악하면서 배출해야 한다.

5. 원판 불변의 법칙

디카페인 커피를 고를 때는 원산지 별로 골라야 한다. 디카페인 과정을 거쳤다고 하지만 디카페인 커피에는 원산지의 흔적이 남는다. 만약 에티오피아 디카페인 생두를 고른다면 일반적인 보통의 생두보다는 못하겠지만 에티오피아 커피의 특징을 살릴 수 있다. 시중에는 원산지 별로 디카페인이 생산되기 때문에 좋은 디카페인의 생두를 골라서 적절하게 로스팅을 한다면, 디카페인 커피가 지니는 맛의 한계점을 조금은 극복할 수도 있다. 디카페인 역시 생두 선정에 더욱 각별히 신경을 써야 한다. ☕

디카페인 로스팅 팁

다크로스팅 팁
생두를 보존하라

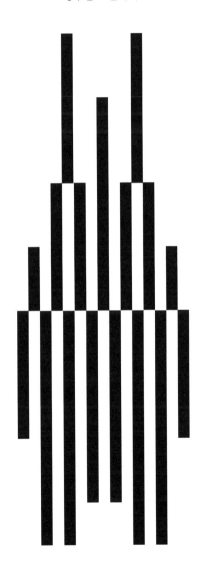

다크로스팅은 경이롭다. 쓰고, 깔끔하고, 묵직하고 가끔은 고소하고 달고, 입안에서는 촉촉한 질감이 있다. 현재 로스팅 트렌드가 생두 재료 본연의 다양한 콘텐츠를 충실하게 구현하는데 초점을 맞추다 보니 다크로스팅이 점차 없어지는 분위기다. 그런 이유 때문인지 잘 만들어진 다크로스팅을 만나기 어렵다.

다크로스팅 하면 이탈리아 스타일의 진한 에스프레소가 떠오르기도 하고, 일본 장인이 만든 강 배전 커피도 생각난다. 지금은 없어졌지만 오래 전 일본의 다이보 커피를 접했을 때의 충격은 이만저만이 아니었다. 단순하게 커피를 오래 볶아서 생긴 스모키한 불맛에 국한된 것이 아니라, 로스터에 의해 새롭게 탄생한, 극도로 절제된 산미와 극강의 단맛에 압도됐었다. 목넘김 후에 피어오르는 박하향의 화사한 느낌은 흡사 허브향 같은 꽃향기 같았다. 생두를 다스리는 로스팅 기술이 있지 않고서는 이런 맛과 향은 구현하기가 불가능하다.

하지만 일본의 소규모 로스터리 샵의 경우에는 장인의 오랜 경험과 손기술에 의존하기 때문에 장인들의 은퇴 후 명맥이 끊어지는 듯하다. 일본 내에서도 오래 된 커피하우스들을 찾기가 힘들어졌다. 하지만 그들의 커피를 대하는 자세와 정신은 두고 두고 기억되었으면 하는 바람이 있다.

무엇이 다크 로스팅인가?

잘 만들어진 다크로스팅은 겉보기에 영롱한 빛을 낸다. 기름이 베어나와
반질반질하고 유리알처럼 반짝인다. 겉만 검은빛이 아니라 안쪽에서부터 짙고
깊은 다크브라운의 색이 나오는데 마치 겉만 나무로 된 무늬목 또는 나무
합판을 보다가 원목을 마주했을 때와 같은 느낌이다. 강배전 커피를 2~3일 후
추출해보면 로스팅이 잘된 것과 그렇지 않은 것의 퀄리티의 차이가 극명하게
나뉜다. 잘된 것은 여전히 콘텐츠가 꽉 차있고 먹을 것이 많으며, 깊고 풍부한
크레마를 만든다. 겉만 익거나 지나치게 긴 로스팅 시간에 배기가 강한 강배전
로스팅 원두는 콘텐츠가 남아 있지 않고 가벼운 재와 같아서 추출된 커피 역시
물이 쭉하고 표면에서만 머물다가 흘러내린다. 내가 전하고 싶은
다크로스팅은 진하고 깊고 즐길 것이 많은 커피다.

어디까지가 다크로스팅 인가?

커피는 지극히 기호식품이기 때문에 상대적인 개념으로 '진하다' 혹은
'약하다'라고 표현될 수 있다. 과연 어디까지를 강배전 커피라고 해야 하나.
나라마다 문화마다 다크로스팅(강배전)의 정도를 규정하는 것이 각자
제각각이다. 로스팅 포인트를 지정하는 위치 또한 나라마다 달라서 혼란스럽
다. 기호에 따라 진하기가 다르기 때문에 당연한 결과다. 가령 커피를
진하게 먹는 편에 속했던 일본의 경우에는 로스팅의 정도를 표현하는
풀시티(Full City)가 2차 크랙까지 들어가서 진행된 상태를 의미하고, 미국의
경우에는 보통 2차 크랙 초입을 의미한다.

계량화와 수치화를 좋아하는 미국이지만, 미국 스페셜티 협회(SCAA)의
분류법에 따르면 Moderately Dark, Dark, Very Dark 등으로 다크로스팅을 더욱
애매하게 분류한다. 물론 이에 대한 보완책으로 에그트론 타일(Agtron Tile)
숫자로 표시를 했지만, 이 또한 로스팅 프로파일에 따라 같은 색상이라도 맛이
달라지는 경향이 있다. 동일한 프로파일에서는 에그트론 타일이 의미가
있을지언정 수시로 달라지는 로스팅 프로파일에 이를 기준으로 사용할 경우
애로사항이 있을 수 있다. 따라서 로스터들 사이에서는 실제로 원두에서
발생하는 현상을 통해 커뮤니케이션한다. 통상적으로 2차 크랙에 들어서는
순간부터 그 이후를 다크로스팅이라고 하는데, 이때 2차 크랙 후 로스팅을
지속하는 시간에 따라 다크로스팅의 정도를 표시하는 것이 효과적인
표현법이다.

다크로스팅의 어려움 그리고 앞으로의 전망

다크로스팅을 바라보는 시장의 반응은 여전히 좋지만은 않다. 다크로스팅의
독특한 특징 중 하나가 강한 쓴맛과 함께 오는 탄화된 씁쓸한 맛인데,
일반적으로 로스팅을 오래하면 할수록 신맛은 줄어드는 반면 단맛과 쓴맛은
상대적으로 커진다. 대부분의 경우 로스터는 쓴맛과 탄맛을 줄이는 방향으로
로스팅을 해왔기 때문에 깊게 들어가는 로스팅 포인트를 꺼려하고,
자연스럽게 다크로스팅은 로스터에게 환영받지 못했다. 여기에
스페셜티커피의 물결 속에서 화려하고 라이트한 커피의 등장으로 심도있는
로스팅 연구보다는 재료의 충실한 표현에만 집중했던 측면도 없지 않다.
맛부분을 제외하더라도 원두를 공급하는 로스터의 입장에서 다크로스팅이
달갑지 않은 이유는 상대적으로 긴 로스팅 시간 때문이다. 익숙하지만
단순하고 반복적인 로스팅 방법에서 각 로스팅 배치당 5분이라는 차이는 총
시간으로 봤을 때 노동의 강도는 무시할 수 없는 수준이다.
또 커피를 다크로스팅 했을 경우에는 커피조직이 많이 깨지고 결과적으로
원두 내의 가스가 쉽게 배출되기 때문에 미디엄로스팅이나 라이트로스팅에
비해 유통기간이 짧은 편이다. 기름도 잘 배어 나와 하루 이틀만 지나도
기름으로 범벅이 된 다크로스팅은 전자동커피머신에 원두를 공급하는
로스터에게는 큰 고민거리였다. 외관상으로도 탄커피라는 인식 때문에
상업적으로도 판매에 어려움이 많다.
하지만 이러한 모든 단점에도 불구하고 잘 만들어진 다크 로스팅은
미디엄이나 라이트로스팅보다도 더 큰 만족감을 소비자들에게 줄 수 있다.
일반적으로 한국 소비자들은 신맛보다 구수하고 단맛이 나는, 쓰지만 깔끔한
커피를 선호하기 때문이다.

71

어떻게 로스팅 할 것인가? 다크로스팅의 프로파일에 관하여

다크로스팅은 불을 조심스럽게 사용해야 한다. 불을 아끼면서 꾹꾹 콩을 눌러 누그러뜨린다는 느낌으로 로스팅을 해보자. 이때 바라는 맛은 결코 화려하거나 특색 있는 맛이 아니다. 쓰고 묵직하면서도 촉촉하게 만드는데 목적이 있다. 따라서 특징을 살리는 스페셜티한 커피보다는 약간 베이크드(Baked)하고 누그러뜨리게 만든다는 느낌으로 로스팅에 임해야 한다. 커피는 오래 볶으면 당연히 탄다. 비단 강배전 커피에만 해당되는 것은 아니고 모든 커피에 해당되는 부분이다. 전편에서도 언급했지만, 로스팅 과정에서 크게 두 번 정도 타는 부분이 나타날 수 있다. 첫 번째는 로스팅 초기단계에서 나타나는 생두의 겉이 타는 현상(Scorching)과 두 번째는 1차 크랙 이후 연해진 조직인 원두표면이 검은 원형으로 떨어져 나가는 치핑(Chipping)이다. 스코칭은 과도하게 가열된 드럼으로 인한 과열된 초기화력 때문에 빈번하게 발생한다. 다크로스팅시에는 상대적으로 긴 로스팅 시간을 갖기 때문에 특히 과열된 초기 화력을 더욱 주의해야 한다. 첫 번째 배치를 가급적 피하면서 평소보다 낮은 투입온도로 로스팅을 한다면 스코칭을 어느정도 예방할 수 있다.

또한 앞서 언급했듯이 1차 크랙 이후에는 생두의 조직이 많이 손상되기 때문에 대류열에 의한 치핑이 발생할 수 있다. 후반부에는 이 부분을 신경 쓰면서 로스팅 해야한다. 하지만 다크로스팅에서 어느 정도의 치핑은 숙명과 같다. 치핑을 내지 않는 것에 지나치게 몰두하면 로스터가 받는 스트레스가 커지기 때문에, 본인만의 허용 범위를 지키는 것으로 만족하고 넘어가는 것이 좋다. 기존 로스팅 프로파일은 유지한 상태로 시간만 지속시키는 로스팅 프로파일을 적용할 경우, 치핑이 발생할 확률이 크다. 로스터의 성질과 물성에 따라 보전열이 다르기 때문에 차이는 있지만 치핑이 로스팅 후반부의 강한 대류열에 의해 생겨나는 트러블인 만큼, 다크로스팅을 할 경우 기본적으로 1차 크랙 이후에는 열을 현저하게 줄이는 방식으로 로스팅 프로파일을 만들어야 편하게 다크로스팅을 할 수 있다. 만약 전편에 다뤘던 에티오피아를 볶는 프로파일을 그대로 적용시켜 짧은 시간에 급하게 로스팅을 했을 경우에는 속까지 열이 전달되지 않아 겉만 타는 현상이 나타날 수도 있다. 따라서 만델링이나 브라질 로스팅 프로파일을 따라서 로스팅을 하는 것이 가장 효과적인 로스팅 프로파일이라고 할 수 있다.

72

다크로스팅의 핵심 : 생두 손상(Damage)의 최소화와 콘텐츠 보존

대류열의 속성은 침투성이다. 대류열이 생두의 중심을 뚫고 지나간다는 생각으로 로스팅을 해야한다. 따라서 대류열이 특화된 열풍로스터의 경우에는 다크로스팅에 적합하지 않다. 대류열의 비중을 낮추기 위한 가장 효과적인 방법의 첫번째는 드럼의 속도를 바꾸는 것이다. 평소에 사용하는 RPM보다 다크로스팅을 할 때 회전수를 낮추면 일차적인 대류의 양을 낮추게 되어서 점성이 강한 다크로스팅을 만들기에 적합하다.

만약 댐퍼로 대류를 조절할 수 있는 로스터의 경우에는 댐퍼를 닫는 방법 또한 대류를 억제해서 대류열을 떨어뜨리는 방법이지만, 댐퍼 조작은 보조적인 역할을 할 뿐이기 때문에 기본적으로 드럼속도와 열량 그리고 여기에 맞는 배기량 체크를 우선으로 해야 한다.

강배전은 특히 수분을 잘 보존해야 한다, 수분은 맛에도 지대한 영향을 미치지만 원두가 타는 것을 막는다. 이런 의미에서 수분 함량이 높은 뉴크랍이 올드크랍에 비해 다크로스팅에 유리하다고 할 수 있다. 강한 배기는 수분을 날려버려 원두에 손상을 입히기 때문에 다크로스팅의 경우에는 로스팅 전구간에 걸쳐서 수분 보존을 위해 배기를 줄이는 방식으로 로스팅을 해야 한다. 억제된 배기는 원두를 보호한다. 특히 1차 크랙 이후에 나타나는 배기에 의한 원두 손상을 방지해야 한다.

일본 커피장인 다이보상의 커피가 특별했던 이유는 그가 사용하던 통돌이 로스터(수분배출이 용이하지 않은)때문이 아니었을까라는 생각이 든다. 겉으로 보기에는 까만 재처럼 보이지만, 여전히 촉촉하고 먹을 것이 많다. 까만 재는 하얀 박하향으로 승화되었다. ☕

라이트로스팅 팁
싱싱하고 강하고 푸른 기억 노르딕 커피에 관하여

73

개인적으로 매일 밥처럼 마시는 커피는 역시 다크하며 달콤하고 쓴 커피가 제격이지만, 가끔 특식으로 마시는 커피는 새콤달콤한 라이트 로스팅 커피가 제격이다. 최근에는 스페셜티커피 물결의 흐름 속에서 새콤한 노르딕 커피가 등장했다.

90년대 초반, 헤이즐럿향 커피와 함께 원두커피가 붐이었던 적이 있었다. 하지만 당시 시장에는 저가의 베트남 계열의 로부스타 원두가 원두커피의 대표로 소개되었다. 그때 기억으로는 내가 마신 커피는 밍밍하고 향이 없고 단순하며, 별다른 특색없이 그저 누룽지처럼 구수한 차에 가까웠다. 처음 원두커피를 맛본 나조차도 좋은 인상보다는 실망에 가까웠다. 커피맛에 대한 좋지 않은 선입견이 생길 정도였다. 결과적으로 본질 없이 형태만 들여온 당시 원두커피는 오히려 커피문화의 퇴보를 가져왔던 셈이다.

노르딕 스타일의 커피라고 해서 형태만 빌려온 라이트 한 커피를 마시다가 식초 물 같은 커피를 마시는 낭패를 당하고 싶지 않다. 자극적인 신맛의 커피가 노르딕 커피로 둔갑해버려서, 자칫 근사하고 매력있는 노르딕 커피에 대한 오해와 편견이 생길 것 같아 염려스럽다. 마치 로부스타 원두커피처럼.

노르딕 커피란

로스팅 정도를 나타내는 표현은 다양하지만 나라 이름에서 유래되는 경우가
있는데, 아메라카노, 프렌치, 비엔나, 이탈리안 등이 이에 해당한다. 나라마다
커피를 음용하는 스타일과 문화가 다른 데서 기인한 것이다.

가령 아침에 일어나서 커피를 식사와 같이 마시는 미국에서는 커피를 연하게
마시는데 여기에서 온 것이 아메리카노다. 북부와 남부의 차이가(밀라노보다
나폴리에서 커피를 진하게 마신다) 있을지언정 대체적으로 이탈리아에서는
진한 에스프레소를 즐겨 마신다. 이탈리안 로스팅은 진하고 강하고 묵직한
다크 로스팅을 의미한다. 노르딕도 이러한 문화적인 측면에서 이해하며
로스팅 정도를 나타내는 표에 맞추는 게 합리적이겠다.

노르딕 커피란, 덴마크와 필란드 등 북유럽 국가에서 마시는 커피 스타일인데,
그 중에서도 노르웨이가 대표적이다. 커피의 총 소비량은 미국이 제일 많다고
할 수 있으나 인구 수에 비례한 소비량을 비교해 볼 때, 개인별 소비량은
서유럽이 압도적으로 많다. 아침에 모닝커피로 마시는 것과는 비교가 되지
않을 만큼 물처럼 하루 종일 많은 양의 커피를 소비하는 것이다. 강하고 진하게
로스팅 된 커피보다 곁에 두고 부담 없이 연하게 내려서 물처럼 차처럼 마시다
보니 아메리카노보다 더 연하게 라이트 로스팅 된 커피를 선호하게 되었다.
노르딕 스타일의 커피는 하나의 문화로 인식되어 확고하게 그들의 문화로
자리를 잡게 된 것이다.

하늘 아래 새로운 것이 없다고 했던가, 과거의 일본에서도 라이트 로스팅에
대한 연구가 진행됐었다. 가령 쿠바나 하이티 같이 조직이 연하고 수분이 낮아
잘 익고 떫은 맛이 덜한 커피를 라이트 로스팅에 적합한 커피로 추천하고 있다.
일본식 표현으로 보면 라이트(Light)는 1차 크랙 시작 시점이고 미국식으로
표현하자면 Very Light로 에그트론 숫자로 보면 100이 넘어 간다.

문화가 전파되어 서로가 서로에게 영향을 주고 영감이 있는 누군가에 의해
융합되어 성장한다. 에스프레소에 영감을 받은 스타벅스나 일본 드립장인의
영향을 받은 블루보틀 역시 흉내만 내서는 사람들을 감동시킬 수 없다.

노르딕 스타일의 커피가 갑자기 만들어진 게 아니라 원래부터 존재했던 라이트 로스팅 커피라고 하지만 일단 노르딕 커피를 접하는 순간 일본, 미국과는 다른 특별한 무언가를 발견하게 된다. 커피를 진하게 마셨던 서유럽에서 이렇게 라이트한 커피가 성행할 수 있었던 것은 숨은 게임체인저가 존재했을 것이라는 생각이 절로 들게 만든다. 일본에서든 미국에서든 영향을 받은 상위 문화가 있었으리라 생각해본다.

외관상으로 보면 수분이 채 배출이 안 되는 듯 거뭇거뭇하고 또 쭈글쭈글한 모양도 이쁘지 않다. 하지만 직접 내려서 마셔보면 쥬시하고 상큼하면서 커피 고유의 달짝지근한 단맛이 은은하게 올라온다. 연한 황색의 커피가 주는 매력은 싱싱하고 강하며 푸르르다.

노르딕에 적합한 커피

냉동고기를 고급요리에 사용하지 않듯이 노르딕 커피를 만들 때도 고유의
산미와 다양한 콘텐츠를 확고하게 지니고 있는 커피를 주 원료로 사용해야
충분한 효과를 거둘 수 있다. 스페셜티를 추구하는 모든 업체가 그렇듯 노르딕
스타일의 커피를 추구하는 업체 역시 다이렉트 트레이드 같이 좋은 생두의
수급에 가장 많은 시간과 에너지를 쏟는다. 노르딕을 스페셜티커피의
연장선상에 두는 이유도 이와 같은 이유에서이다.

결과적으로 말해서 일반 커머셜 생두로는 좋은 품질의 노르딕 커피를 만들 수
없다. 스페셜티 시장의 성장은 좋은 생두를 확보하기 위한 종자의 개량과 생산
관리와 같이 이루어졌다. 시장 초반을 주도했던 미국 스페셜티 업체
(인텔리젠시아, 스텀타운, 카운트 컬쳐 등)의 다이렉트 트레이딩의 붐도
노르딕에 적합한 커피를 발전시키는데 큰 역할을 했다.

재료에 대한 연구는 아무리 강조해도 지나치지 않다. 유럽에서 양배추나
중국배추를 사용해서 한국의 김치맛을 재현할 수 없다. 설령 한국 배추를
재배해서 사용한다고 해도 기후 조건이 다르기 때문에 재료에 차이가 생기는
것이다. 고춧가루나 젓갈 같은 부수적인 재료에 의해 맛의 차이가 생길 수밖에
없다. 따라서 노르딕에 적합한 생두를 찾는 것이 노르딕 커피를 만드는 필수
불가결의 원칙이라고 할 수 있다. 정리하자면, 더욱 라이트하게 볶아도 괜찮은
생두의 등장이 노르딕 커피를 이루게 한 핵심 요소인 것이다.

로스팅 프로파일과 로스터의 선택

커피를 짧게 볶으면 신맛이 나고 길게 볶으면 쓴맛이 난다. 로스터는 누구나 알 수 있는 이 기본명제 속에 로스팅은 이루어진다. 신맛을 강조하는 에티오피아의 생두를 언더가 나지 않는 선에서 강한 화력으로 짧은 시간에 볶아내면 생두가 가지고 있었던 화려하고 다양한 맛을 낸다. 하지만 이러한 방식으로 노르딕 스타일 커피를 로스팅하게 됐을 때는 주의할 점이 있다. 생두의 성질을 고려하지 않고 로스팅 시간만을 기준으로 로스팅 할 경우, 기존에 생두가 가지고 있는 거칠고 풋내(Grassy) 나는 커피가 만들어 질 수도 있다. 1차 크랙(1st crack) 입구나 1차 크랙(1st crack) 진행 도중에 배출했을 경우에는 풋맛과 자극적인 신맛 고약한 떫은 맛들이 나올 수 있으니 각별히 주의해야 한다. 로스터에 따라 총 시간을 6분에서 8분으로 하는데, 노르딕 스타일로 로스팅을 하고 싶다면 일반적으로 총 로스팅 시간을 10분 이상 가져가는 것을 추천한다. 10분 정도의 로스팅 프로파일은 단맛을 이끌어낼 수 있는 시간이다.

기계의 성능과 화력 배기능력에 따라 차이도 나타난다. 결국 노르딕에 적합한 로스터로는 화력이 충분하고 배기능력이 뛰어난 것이 유리하다. 수분과 유기물을 효율적으로 날려내는 로스터가 느린 드럼속도의 전도 복사열을 주로 사용하는 로스터보다 더 유리한 측면이 있다. 스페셜티커피와 노르딕 커피라는 시대적인 흐름 속에서 로스터 제조사들도 열풍의 대류열을 이용하도록 설계하는 중이고, 그러한 시대적인 부름 속에서 더욱 각광을 받는 것이 현실이다.

따라서 본인 로스터의 성능과 특성을 잘 파악해서 총 로스팅 시간을 조절하는 것이 좋다. 로스터의 파악을 뒤로하고 다른 로스터의 로스팅 시간과 프로파일을 도용하여 그 기준으로만 로스팅을 해서 식초 같은 커피를 만드는 낭패를 당하는 일이 없도록 하자.

추출

에스프레소 추출의 경우 산미가 두드러지는 커피에서 산미를 잡고 싶다면, 분쇄도로 조절할 수도 있지만 추출 시간을 달리 하는 것도 방법 중 하나다. 신맛을 줄이기 위해 추출 시간을 좀 더 길게 가져가면 신맛이 누그러지고, 쓴맛을 잡고 싶다면 짧게 추출하는 것이 일반적인 매뉴얼이다. 물 온도 역시 뜨거울 경우에는 쓴맛이 강조되고 낮을 경우에는 신맛이 강조된다. 좋은 신맛을 추구하는 노르딕 커피지만 역설적으로 신맛을 누그러뜨리는 방향으로 가야한다. 마치 급하게 곡선주행을 하는 카레이싱 차의 핸들을 반대로 틀어 이탈되는 것을 방지하는 것처럼, 신맛을 죽이는 방향으로 추출을 하자. 노르딕 스타일의 커피의 문제는 지나치게 두드러지는 신맛이다.

브루잉으로 추출을 할 경우에는 바이패스 방식보다는 푸어오버 방식이 효과적이다. 노르딕 커피를 전문적으로 파는 스칸디나비아의 커피숍 추출 레시피를 보면 생각보다 지나치게 오랫동안 추출을 한다. 30초간 원두를 적신 후 스푼으로 저어주기까지 한다. 최대한 노출 빈도를 높여주고 떫지 않는 선에서 추출 시간을 늘려 주는 방향으로 추출하기를 권한다. 강하게 다크로스팅 된 원두를 이렇게 추출했을 경우에는 너무 써서 먹지 못할 텐데 연하게 볶은 노르딕 커피의 경우에는 깊숙하게 박혀 있는 맛들을 끄집어 내야하기 때문에 이 방법이 오히려 효과적이다. 하지만 이 역시 생두가 클린하고 단맛을 품고 있어야 가능한 일이다. 에어로프레스 같은 추출도 노르딕 커피에 바디감과 무게감을 줄 수 있는 효과적인 추출 법이다. 그러므로, 노르딕 스타일의 커피를 추구한다면 신맛은 죽이면서도 단맛과 다른 맛들을 이끌 수 있는 방향으로 추출을 해야한다. ☕

R

시그니처 블렌딩

완벽으로 가는 경로, 반복

78

장인의 가장 큰 덕목은 정교하고 화려한 손기술보다는 반복적인 일을 지루하다 여기지 않고 계속 해 나갈 수 있는 능력에 있다. 완벽함을 위한 지루한 반복. 이것이 장인의 작품을 만든다.

세상 이치가 이렇다 보니 로스팅도 별반 다르지 않다. 반복적으로 원두를 꺼내보고 향을 맡고 맛 테스트의 일상을 반복하다 보면 어느 순간 커피는 힘을 얻는다. 커피에 군더더기가 없어지고 정교해지며 가끔 날카로워져서 사람을 감동시키기도 한다. 반복과 시행착오를 견디며 자신이 원하는 지점을 찾아내기 위해 지루한 작업을 지속해 나가다 보면 어느 순간 완벽한 커피와 대면하게 될 것이다. 본인을 대변해 줄 수 있는 시그니처 커피가 탄생하는 것이다.

시그니처 블렌딩은 완성된 커피의 결정체다. 원두를 선별하고 맛을 분리하고 다시 조합하여 새로운 창조물 만든다. 완벽한 커피의 결정체, 긴 여정의 끝이라고 해도 과언이 아니다.

시그니처 블렌딩

대규모 커피 제조회사건 소형 로스터리샵이 되었건 각자 고유한 블렌딩인
시그니처 원두를 마치 자신들의 브랜드의 얼굴처럼 내놓곤 한다. 유명한
예시로는 1933년에 설립된 이탈리아 커피회사 일리(Illy)로, 카페뿐만 아니라
식당과 가정을 겨냥한 9가지 아라비카로 구성된 블렌딩 시리즈를 들 수 있다.
또 1995년 시카고에서 소규모 로스터리샵으로 시작한 미국 인텔리젠시아
커피의 블랙캣 시리즈 또한 대표적인 시그니처 블렌딩이라고 할 수 있다.
작황과 생두의 컨디션에 따라 블렌딩에 들어가는 종류와 비중의 차이가 있을
수는 있지만 그 맛의 뉘앙스는 한결 같다. 이렇게 맛의 일관성이 지켜진다면
시그니처 블렌딩은 회사의 아이덴티티를 확실하게 지켜낼 수 있다. 우리가
주변에서 흔히 볼 수 있는 스타벅스 역시 시그니처 블렌딩 마케팅의 대표적인
사례라고 할 수 있다. 초창기 우리나라에 소개되면서 된장녀, 탄맛 나는 커피,
오래된 커피 등 소음도 많았지만 현재 우리나라에서 2위 대형 프렌차이즈
회사와의 매출 차이를 무려 5배까지 늘렸다. 스타벅스의 성공 요인을
문화마케팅, 공간마케팅, 감성마케팅 등에서 찾아내려는 시도가 많지만,
드라이브스루 조차도 줄을 서서 커피를 구매하는 모습이 종종 나타나는
현상으로 봤을 때, 단순히 공간과 문화적인 요소 외에, 온전히 커피 자체가
주는 매력이 소비자들에게 크게 어필하고 있다고 볼 수 있겠다. 그렇기 때문에
메뉴의 승리, 집단 지성의 승리, 현대 커피의 시작과 끝으로 본다. 커피 매력의
핵심요소는 시그니처 블렌딩에 있다. 커피맛에 있어서만큼은 스타벅스처럼
일관되게 이어오고 있는 곳도 드물 것이다. 매장 유지관리 부분도 탁월하지만
소매로 유통되는 스타벅스 시그니처 원두의 맛은 그 일관성과 차별성에 있어
감탄할 정도다.
일리(Illy)의 시그니처 블렌딩의 입지는 더욱 견고하다. 어디서 커피를
마시던지 맛이 유지되는 일리의 원두는 동경과, 부러움, 두려움 그리고 기준이
된다. 위대한 커피 일리는 편안하고 감칠맛이 나는 한편, 때로는 강렬하다.
커피인이라면 똑똑히 기억해야 하는, 놓쳐서는 안되는 교과서 같은 맛이다.

통합된 한덩어리가 입안으로 들어오고 기억에 오래 남는데, 로스팅된 원두만 놓고 봤을 때는 스타벅스보다 한수 위라는 생각이 든다. 그 이유는 그 동안 쌓아 올린 일리의 시그니처의 위상에 있다.

커피 회사에 있어 가장 중요한 미래 투자 중 하나는 시그니처 블랜딩을 확보하는 것이다. 이것은 소비자에게 어필할 수 있는 가장 확실한 마케팅 포인트이며, 이는 회사의 존립과도 밀접한 관련이 있다.

시그니처 블렌딩의 필수 요건, 생두

현재 스페셜티커피의 큰 흐름은 좋은 생두에서 오는 재료 고유한 맛을
표현하는데 있다. 그러다보니 요즘 사람들은 세상 방방곳곳에서 나오는 좋은
생두를 확보하기 위해 혈안이 되어있는 듯하다. 많은 콘텐츠를 품고 있는
고품질 생두는 강한 화력으로 짧게 볶으면 큰 효과를 볼 수 있다. 이러한
생두는 원산지별, 농장별 단종으로 내놓으면 상품성이 있지만 이를 이용하여
시그니처 블렌딩을 만들 경우, 각 콩들이 지니고 있는 강한 개성으로 인해
아이러니하게 좋은 효과를 거둘 수 없다. 시그니처 블렌딩에서는 무엇보다
조화가 제일 중요하기 때문이다.

자신만의 고유한 커피 시그니처 원두를 만들기 위해서는 기본적으로
시그니처 원두에 들어갈 특별한 원두가 필요하다. 확보된 생두를 여러
업체에 나눠서 같은 라벨의 커피가 유통된다면 마케팅면에서 제품의 차별성을
찾기가 힘들다. 따라서 시그니처 원두에 사용되는 생두라고 하면 다이렉트
트레이딩을 통한 독점적이고 안정적인 생두확보가 필수적이다. 생두확보
노력보다 어쩌면 더 중요한 것은 맛의 포지션을 유지한 생두의 분류와 관리에
있다.

미국에서 3의 물결 스페셜티 커피를 이끌었던 3대 커피 인텔리젠시아,
카운트컬쳐, 스텀타운 등도 일찍부터 다이렉트 트레이딩을 통해 시그니처
블렌딩에 필요한 원두를 확보했다. 일리, 라바짜, 네슬레 등 대형 커피회사는
말할 것도 없고, 이탈리아 트리에스테에 (Trieste)에 기반을 두고 블렌딩 생두를
공급하는 산달리(Sandalj)의 경우에도 원활한 블렌딩을 위해 국가별로 50개
이상의 농장을 확보해 두고 그 중에서 해마다 선별된 생두를 이용해 다양한
블렌딩을 만든다. 고유한 아이덴티티를 위해 맛의 차별성도 중요하지만, 항상
같은 맛을 유지하는 맛의 지속성이 시그니처 블렌딩에서는 더욱 중요하다.
앞에서 언급했듯이 작황에 따라 변하는 생두의 특성상 매년 고정된 일정한
블렌딩 비율로는 맛을 유지하지 못한다는 한계가 있다. 따라서 국가별로
블렌딩 비율을 맞추는 것 보다는 커핑 등을 통해 맛의 뉘앙스를 유지하는 등

탄력있고 기민한 노력을 해야 한다.

그 다음이 바로 생두의 조합을 통해 일정한 캐릭터를 부여하는 로스팅 능력과 맛의 지속성에 있겠다.

시그니처 블렌딩

필수 요건 로스터

시그니처 메뉴를 만들기 위해 가장 중요한 요소인 생두를 갖췄다고 하더라도,
어떤 로스터를 사용하는가에 따라 커피맛의 뉘앙스와 원두의 성격이
달라진다. 전에 가장 좋은 로스터는 지금 쓰고 있는 본인의 로스터라고 언급한
적이 있다. 익숙한 로스터로 다양하게 맛을 표현해 낼 수 있는 것은 분명
사실이다.

조리도구에도 종류가 있듯이 로스터마다 특정구역에서 특징적인 맛이 잘
표현되는 로스터가 있다. 물론 자신의 로스터를 잘 이해하고 거기에 따라
화력을 조정하고 드럼의 회전속도를 조정하는 등으로 맞춰서 로스팅을 할
수도 있다. 하지만 로스터의 타고난 성격 또한 무시할 수 없는 존재다. 따라서
자신의 추구하는 커피에 맞는 로스터를 선택해야 본인만의 시그니처 메뉴를
원활하게 만들 수 있다. 가령 라이트하고 폭발적인 맛의 커피를 만들고 싶다면
드럼의 회전 속도가 빠른 열풍비중이 높은 로스터가 적합하지만, 전통적인
다크로스팅에는 어울리지 않는다. 반면 촉촉하고 질감이 뛰어나며
다크초콜릿의 칼칼하고 점성 있는 걸쭉한 커피를 만들고 싶다면 전도복사
비중이 많은 로스터를 사용하는 것이 효과적이다. 본인이 추구하는 커피를
만들기 위해서는 로스터를 선별해서 다루어야 한다. 열과 배기의 조화가
커피맛을 결정한다는 중요한 사실을 인식하고 시그니처 원두에 접근해야
한다.

전통적인 일본 강배전 시장을 이끌었던 여러 커피장인들이 이제는 자취를
감추고 있는 것에 대해 개인적으로 매우 안타깝게 생각한다. 시그니처 메뉴에
가장 독보적인 위치를 차지했던 것이 일본 커피였다. 전통적인 일본커피 중
바하커피는 드럼과 화구가 닿는 중간에 철판을 댄 직접 개조한 로스터를
사용한다. 시그니처 메뉴를 만들기 위해 재료뿐만 아니라 로스터에도
차별화를 둔 것이다. 맛의 정교함과 기민함을 유지하기 위해서 로스터까지
개조해서 사용하는 모습은 시사하는 바가 크다.

인텔리젠시아 커피의 경우에는 근엄하고 무서운 분위기의 도제식

일본커피와는 달리, 온몸에 문신을 한 바리스타와 로스터들이 자유분방하게 커피 생활을 하는 것을 볼 수 있다. 이러한 자유로움과 정보의 개방성을 통한 다양한 원산지 별 원두소개는 인텔리젠시아 커피의 정체성으로 자리잡았다. 인텔리젠시아 커피 스스로 로스팅을 '생두를 향한 예술과 과학의 역동적인 조합'이라고 한다. 커피는 캐러멜의 변화에 향을 입히는 작업이다. 더불어 로스터의 목적은 '많은 잠재적인 향을 열리게 만들고 커피 고유의 향을 살리는 것이다'라고 정의하고 있다. 이런 작업을 하기 위해서는 자신의 입장을 대변해 주고 표현해 낼 수 있는 로스터가 필요하다.

인텔리젠시아 커피는 지금은 사라진 1950년대 독일 수투트가르트에서 생산된 주물로 만든 고도로스터를 사용한다. 마케팅적인 요소가 스토리를 만들었다고 하더라도 로스터에 대한 연구와 집착은 존경할 만하다.

혀는 눈보다 강하다. 마주하게 될 연어 떼

커피로스팅이 다른 기술분야처럼 특별한 기술력까지는 필요하지 않다고
하더라도 이를 적절하게 다루기 위해서는 엄연히 시간이 필요하다. 가령
복싱을 3년 연마한 사람과 10년 연마한 사람이 경기를 했을 경우에는 우열을
가리기 힘들 수 있지만, 전혀 배우지 않은 사람과 3년간 훈련한 사람이 경기를
했을 때는 후자가 압도적으로 유리할 것이다.

이론 서적을 읽고 공부를 했을지라도 몸으로 체득하면서 자연스럽게 내
것으로 만드는 과정을 거쳐야 한다. 눈과 머리로는 안다고 생각할 수 있지만
이를 몸이 기억하게 하기 위해서는 그만한 시간이 필요한 것이다.

3년이라는 시간은 이러한 부족함을 채우기에 충분할 것이다. 시그니처
블렌딩을 만들기 위해서는 생두에 대한 파악 그리고 블렌딩에 대한 연구, 맛의
세분화와 조합 등이 필요하다. 완벽함이라는 것은 반복에서 나온다. 자신만의
커피를 만들기 위해서는 수많은 노력이 필요하지만 맛에 대한 기억과 학습이
무엇보다 가장 중요하다.

혀는 눈보다 강하다. 연어가 물의 냄새를 기억해서 강을 거슬러 오르듯이
소비자들도 과거에 맛봤던 시그니처 원두의 맛을 기억하고 다시 찾는다.
반복적인 작업을 지루하다고 여기지 않고 꾸준하게 이어가다 보면 물살을
거슬러 찾아오는 연어 떼를 만나게 될 것이다. ☕

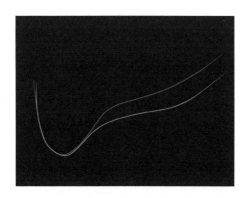

시그니처 블렌딩

일만시간 로스팅
불과 물의 합

위철원

초판 1쇄 인쇄 2023년 9월 21일
초판 1쇄 발행 2023년 9월 21일

지은이 위철원
발행인 문경라
디자인 장한별

펴낸곳 서울꼬뮨
등록번호 22-2700호
등록일자 2005년 3월 17일

주소 (06790)서울 서초구 동산로71, 3층
연락처 02-579-4725
이메일 coffeentea@naver.com
웹 coffeeandtea-magazine.com
ISBN 979-11-85060-22-4(13590)